Shobha Lata Sinha Sinha
Satish Kumar Dewangan
Pankaj Kumar Gupta

Previsão computacional do desgaste de curvas de tubos em escoamento de polpa

Shobha Lata Sinha Sinha
Satish Kumar Dewangan
Pankaj Kumar Gupta

Previsão computacional do desgaste de curvas de tubos em escoamento de polpa

Uma aplicação de CFD em escoamento bifásico líquido-sólido

ScienciaScripts

Imprint

Any brand names and product names mentioned in this book are subject to trademark, brand or patent protection and are trademarks or registered trademarks of their respective holders. The use of brand names, product names, common names, trade names, product descriptions etc. even without a particular marking in this work is in no way to be construed to mean that such names may be regarded as unrestricted in respect of trademark and brand protection legislation and could thus be used by anyone.

Cover image: www.ingimage.com

This book is a translation from the original published under ISBN 978-613-3-99081-4.

Publisher:
Sciencia Scripts
is a trademark of
Dodo Books Indian Ocean Ltd. and OmniScriptum S.R.L publishing group

120 High Road, East Finchley, London, N2 9ED, United Kingdom
Str. Armeneasca 28/1, office 1, Chisinau MD-2012, Republic of Moldova, Europe
Printed at: see last page
ISBN: 978-620-8-07097-7

ÍNDICE

PREFÁCIO

Este livro trata do estudo numérico do escoamento da lama mineral através de curvas de tubos. As curvas de tubos são elementos essenciais dos sistemas de transporte por condutas. Atualmente, várias lamas minerais são também transportadas utilizando o transporte por condutas. Essas pastas são os materiais formulados com o objetivo de transportar os minerais sob a forma de fluido através de tubagens. Neste tipo de sistema de tubagem, o material da tubagem e as curvas da tubagem sofrem um desgaste acentuado devido aos efeitos abrasivos e erosivos da lama que passa através dela. Tendo em conta este aspeto, no presente livro, a análise computacional do fluxo de lama através da curva do tubo foi analisada de modo a determinar a possível gravidade do desgaste das curvas do tubo. Os autores tentaram disponibilizar, através deste livro, diretrizes de procedimento computacional.

O livro é composto por seis capítulos. O primeiro capítulo descreve a introdução ao desgaste de tubos e ao desgaste de curvas de tubos em escoamento de lamas. O capítulo dois aborda a revisão da literatura sobre os vários estudos computacionais efectuados nesta área. O capítulo três apresenta uma breve descrição da Dinâmica dos Fluidos Computacional (CFD), que foi utilizada para a análise do escoamento de lamas. O capítulo quatro trata da validação do procedimento utilizado utilizando a CFD para o escoamento de lamas. O capítulo cinco aborda a análise do escoamento do chorume utilizando a CFD. O capítulo seis resume as principais conclusões.

Este livro será muito adequado para os académicos e investigadores que trabalham nas áreas do estudo computacional dos escoamentos bifásicos líquido-sólido.

Dr. (Menina) Shobha Lata Sinha

Dr. Satish Kumar Dewangan

Dr. Pankaj Kumar Gupta

RESUMO

O transporte por condutas é considerado amigo do ambiente e económico em comparação com o transporte ferroviário e rodoviário. Para projetar as condutas e as instalações associadas, os projectistas necessitam de informações precisas sobre a queda de pressão, a velocidade crítica, os regimes de escoamento, etc. Foram construídas e estão a funcionar em todo o mundo muitas condutas de chorume de grandes dimensões. Esses escoamentos são complexos e as correlações atualmente disponíveis na literatura aberta para os parâmetros acima mencionados têm um erro de previsão de 25-35 %. Este tipo de erro no projeto e no funcionamento das polpas abrasivas tem sérias implicações em termos de custos e é totalmente inaceitável.

É efectuada uma simulação numérica do fluxo de lamas através de um tubo reto e de uma curva vertical de 90° para avaliar a perda de pressão por unidade de comprimento. A modelação do tubo reto e da curva vertical de 90° é feita no Ansys Design Modeler; a versão 12.1 do FLUENT é utilizada para a avaliação numérica. A simulação foi efectuada com várias concentrações (05%, 10%, 15% e 20%) de lama de sílica, variando a velocidade do fluxo de 2m/s para 5m/s. Verifica-se que a perda de carga aumenta com o aumento da velocidade do caudal e com concentrações mais elevadas (em volume) de lama.

A modelação do chorume é feita com precisão utilizando o Ansys FLUENT 12.1, bem como as propriedades do escoamento, como a velocidade do escoamento e a fração volumétrica em diferentes partes da curva do tubo, que são investigadas e consideradas satisfatórias. Verifica-se que a queda de pressão ao longo da curva aumenta em função da velocidade do escoamento e do diâmetro das partículas.

NOMENCLATURA

η	Apparent viscosity
μ	Fluid viscosity
τ	Shear stress
γ	Shear strain rate
n	Flow behavior index,
τ_y	Yield shear stress
K	Consistency index
	Mean density
v_t	Terminal velocity
d	Particle diameter
ρ_s	Density of solid particle
ρ_f	Density of fluid
α	Phase concentration
ν	Kinematic viscosity
v	Velocity
g	Gravity
	Lift force
	Virtual mass force
	Stress tensor
	Static pressure gradient
	Interphase drag coefficient
	Specific enthalpy of q phase
	Heat flux
	Source term

Q_{pq}	Heat exchange between p and q phase
h_{qp}	Interphase enthalpy
k	Turbulence kinetic energy
ϵ	Rate of dissipation,
G_k	Generation of turbulence kinetic energy
G_b	Generation of turbulence kinetic energy due to buoyancy
Y_M	Contribution of the fluctuating dilatation in compressible turbulence to the overall dissipation rate
σ_k , σ_ϵ	Turbulent Prandtl numbers for k and ϵ respectively
S_k , S_ϵ	User-defined source terms.
μ_t	Turbulent (or eddy) viscosity
f	Friction factor,
R_e	Reynolds number
$\Delta P_{friction}$	Pressure drop due friction
L_{pipe}	Length of pipe
d_p	Solid particle diameter

CAPÍTULO 1

INTRODUÇÃO

O transporte hidráulico de material sólido sob a forma de partículas é um método bem conhecido nas indústrias química e mineira. Na maioria dos processos industriais, os fluidos são utilizados como meio de transporte de materiais. Um conhecimento completo dos princípios que regem os fenómenos que envolvem o transporte de fluidos conduz a um sistema mais eficiente e seguro. O transporte por condutas é um meio amigo do ambiente e é considerado económico em comparação com o transporte ferroviário e rodoviário.

Wilson et al. (2005). Os primeiros estudos sobre o transporte de lamas através de condutas baseavam-se numa concentração moderada (25% por volume). Atualmente, são utilizadas concentrações muito maiores. O fluxo de polpa de partículas multi-dimensionadas altamente concentradas é muito complexo *Kaushal et al. (2013).* Os projectistas precisam de informações precisas sobre a retenção, a velocidade crítica, a queda de pressão, os regimes de fluxo, etc., para projetar as condutas e as instalações associadas. No entanto, em muitas indústrias, como a indústria petrolífera, química, do petróleo e do gás, observa-se frequentemente um escoamento bifásico ou multifásico. O fluxo multifásico é definido como o fluxo simultâneo de várias fases, sendo o caso mais simples um fluxo bifásico. Uma mistura bifásica consiste em duas fases distintas, tais como gás-sólido, gás-líquido ou líquido-sólido, que coexistem num espaço arbitrário. Na maior parte dos escoamentos bifásicos de partículas (isto é, escoamentos líquido-sólido ou gás-sólido), a fase fluida está continuamente ligada e a fase sólida existe como partículas discretas. O estudo do escoamento bifásico é vital do ponto de vista das aplicações práticas (transporte pneumático e hidrotransporte de partículas em condutas) e dos fenómenos naturais (por exemplo, transporte de sedimentos em massas de água, escoamento biológico/biomédico). Os escoamentos que incluem materiais granulares encontram-se na indústria química, mineira, petroquímica e alimentar.

A física do escoamento bifásico é mais complexa do que a do escoamento monofásico devido à presença da fase dispersa. Outras complicações, por vezes difíceis de elucidar, surgem quando a fase dispersa sofre um movimento de contacto flutuante ou contínuo com outras partículas e/ou quando o escoamento é afetado por turbulência. Neste caso, a fase sólida não segue o fluxo, mas interage e modifica a caraterística do fluxo da fase fluida. A modulação da turbulência em escoamentos turbulentos bifásicos também é importante para aplicações industriais.

Algumas das razões para a crescente popularidade do sistema de condutas são a sua economia, fiabilidade, baixo custo de manutenção e disponibilidade ao longo de todo o ano para o utilizador. Além disso, é extremamente seguro e conduz a uma poluição ambiental mínima. Além disso, um sistema de transporte por condutas alarga o alcance económico do depósito mineral que pode ser utilizado.

Algumas outras vantagens associadas ao transporte de sólidos por gasoduto são listadas abaixo:

1) Simplicidade de instalação em comparação com a construção de uma nova via rápida ou de uma estrada de caminho de ferro.

2) Baixa necessidade de mão de obra para construção, operação e manutenção.

3) Possibilidade de automatização completa.

4) Eliminação do problema de tráfego associado à circulação de camiões.

No entanto, o sistema de transporte por gasoduto tem também algumas limitações, algumas das quais são

1) O custo do capital inicial é relativamente elevado.

2) O sistema de transporte por gasoduto é exclusivamente dedicado ao transporte de sólidos, ao passo que a via férrea ou a autoestrada têm uma utilidade polivalente.

3) O sistema de transporte por condutas requer água ou outro líquido como fluido de transporte em grande volume, que pode não estar facilmente disponível em todos os locais e a todo o momento.

1.1 Sistema básico de transporte de lamas

Os sólidos podem ser transportados através de condutas de forma hidráulica ou pneumática. A diferença entre ambos reside apenas na natureza do fluido utilizado para o movimento das partículas sólidas. Um sistema de transporte de lamas pode ser diferente para diferentes materiais que podem ser transportados através de condutas, consoante o material e os requisitos finais. No entanto, a fig.1.1 apresenta um esquema geral de um sistema de transporte de polpa.

Um sistema de transporte de lamas pode ser dividido em três subsistemas

i) Instalação de preparação da lama

ii) Conduta principal e bombas

iii) Instalação terminal

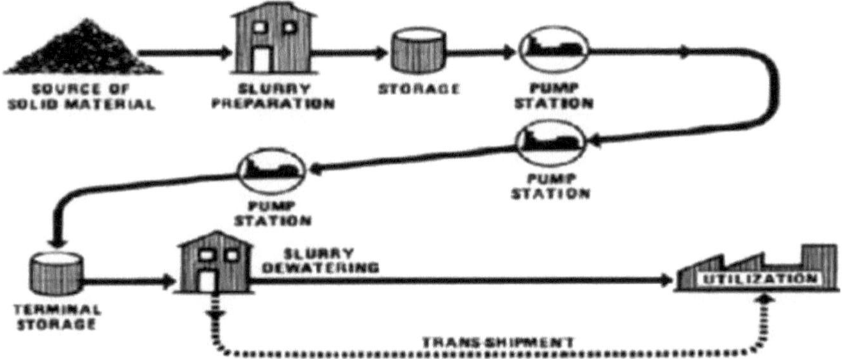

Fig.1.1. Esquema de um sistema de transporte de chorume de longa distância

A primeira etapa do ciclo de processamento consiste em reduzir os sólidos a uma dimensão conveniente por trituração, de modo a que seja técnica e economicamente viável fornecer a potência necessária para a sua suspensão e o seu transporte pelo fluido de transporte. Em seguida, o sólido é misturado com o líquido de transporte e a proporção de sólido para o líquido é ajustada para um valor ótimo. Finalmente, a lama é armazenada num tanque de armazenamento agitado/não agitado, conforme necessário.

Dependendo da distância em que o transporte deve ser efectuado, a necessidade total de bombagem pode ser fornecida a partir de um ou mais pontos ao longo do comprimento da tubagem. Na extremidade terminal, a lama é recebida num tanque de armazenamento. Este chorume precisa então de ser desidratado, filtrado e seco na medida desejada para uma utilização final dos sólidos.

1.2 Tipos de fluidos

Um fluido é uma substância que se deforma continuamente sob uma tensão de cisalhamento aplicada. A viscosidade é a propriedade de resistência de um fluido à força de cisalhamento. Descreve a resistência interna do fluido ao escoamento e é uma propriedade do material que relaciona a tensão de cisalhamento (τ) e a taxa temporal de deformação por cisalhamento (γ) num fluido em movimento. A equação básica que relaciona uma tensão de cisalhamento aplicada e a taxa temporal de deformação de um fluido é representada na equação abaixo.

$$\tau = \eta\gamma \qquad\qquad \text{........................ 1.1}$$

Na equação 1.1, η é a viscosidade aparente do fluido. Para as misturas newtonianas, a viscosidade aparente é igual à viscosidade do fluido ($\eta = \mu$), que é independente da tensão de cisalhamento aplicada (τ) e da taxa de deformação de cisalhamento (η) para o fluido newtoniano. Este não é o caso dos fluidos não newtonianos, em que η é uma função de τ e γ, bem como de múltiplos parâmetros reológicos. Os diferentes fluidos não-newtonianos são Power-law, Herschel-Bulkley, Bingham, Casson, etc. As equações do modelo constitutivo para os fluidos não-Newtonianos selecionados são apresentadas no quadro seguinte.

Quadro 1.1 Equações constitutivas de fluidos não-Newtonianos

Type of non-Newtonian Fluid	Constitutive equation	Parameter
Power-Law	$\tau = K\gamma$	Two Parameter
Bingham	$\tau = \tau_y + \mu\,\gamma$	Two Parameter
Herschel-Bulkley	$\tau = \tau_y + K\gamma^n$	Three Parameter
Casson	$\tau = \tau_y^{1/2} + (\mu_c\gamma)^{1/2}$	Two Parameter

Os fluidos Power-Law não contêm a tensão de cedência e podem ser pseudoplásticos (cisalhamento) ou dilatantes (espessamento por cisalhamento), dependendo do índice de comportamento do escoamento, n. O fluido de Herschel-Bulkley, Bingham e Casson mostra a adição de uma tensão de cedência. Para que o fluido possa escoar, a tensão aplicada deve exceder a tensão de cedência.

1.3 Fluxo de lama

O chorume é essencialmente uma mistura de sólidos (partículas sólidas) e líquidos (fluido de transporte). O fluido mais comummente utilizado é a água, mas foram feitas tentativas para utilizar óleos brutos com carvão moído e mesmo ar no transporte pneumático. O fluxo de lamas numa conduta é muito diferente do fluxo monofásico. É possível permitir que o líquido monofásico flua a baixa velocidade de um fluxo laminar para um fluxo turbulento. No entanto, num escoamento bifásico, como o do chorume, é necessário ultrapassar uma velocidade crítica de deposição. As caraterísticas físicas do chorume dependem de muitos factores, tais como o tamanho e a distribuição das partículas, a concentração de sólidos na fase líquida, o tamanho da conduta, o nível de turbulência, a temperatura e a viscosidade do veículo. Quando passamos do escoamento de um líquido simples para o de uma pasta, ou seja, uma mistura de partículas sólidas num fluido de transporte, surge imediatamente a necessidade de um sistema de nomenclatura mais preciso. Por exemplo, em vez de uma densidade única, ρ, é necessário distinguir várias densidades. Estas incluem a densidade do fluido, ρ_f, a das partículas sólidas, ρ_s e a da mistura ρ_m.

Outro domínio em que as lamas requerem um tratamento mais cuidadoso do que os fluidos monofásicos é o do gradiente de atrito ou gradiente de energia. Sob a forma de gradiente de pressão dp/dx, a perda de fricção associada ao fluxo de lamas numa tubagem é inequívoca. Para um fluido simples, o gradiente hidráulico é $(-dp/dx)/\rho g$. A possível ambiguidade no escoamento de lamas decorre da densidade a ser utilizada nesta expressão. Assim, é criada uma definição alternativa do gradiente hidráulico da mistura com base na densidade média da lama fornecida, que é dada como:

$$\rule{2cm}{0.4pt} \quad \rule{0.8cm}{0.4pt} \qquad\qquad \dots\dots\dots\dots\dots 1.2$$

As propriedades das pastas dependem fortemente da tendência das partículas para se depositarem no líquido de transporte. Para o transporte de polpas com sedimentação, um parâmetro importante é a velocidade terminal, vt . A velocidade terminal é a velocidade a que uma única partícula se deposita através de um grande volume de líquido. A velocidade terminal depende das propriedades do líquido (ρf e μ), do diâmetro da partícula (d) e da sua densidade (ρs) e, em menor grau, da sua forma. Geralmente, as partículas na lama não são esféricas, mas a esfera representa um caso de referência conveniente na análise. O peso da partícula é parcialmente reduzido pela flutuabilidade do fluido circundante.

Para pastas de partículas muito finas, a tendência para as partículas se depositarem no líquido pode ser negligenciada. Como resultado, a pasta pode ser tratada, para a maioria dos fins, como um fluido monofásico.

1.4 Classificação dos regimes de escoamento

Com base na gravidade específica das partículas, o fluxo de lamas não sedimentáveis divide-se em quatro categorias,

> Suspensão homogénea para partículas de diâmetro inferior a 40 μm.

> Suspensões mantidas por turbulência para tamanhos de partículas de 40 μm a 0,15 mm de diâmetro.

> Suspensão com saltação para tamanhos de partículas entre 0,15 mm e 1,5 mm de diâmetro.

> Saltação para partículas de diâmetro superior a 1,5 mm.

Para os fluxos líquido-sólido, o diâmetro das partículas e a concentração média de sólidos são frequentemente utilizados para classificar a natureza da mistura e os regimes de fluxo. A concentração média de sólidos é geralmente utilizada para referir um fluxo diluído ou denso.

1.1.1 Classificação com base no tamanho das partículas

Com base no tamanho das partículas, as pastas sólido-líquido podem geralmente ser classificadas em duas categorias: homogéneas e heterogéneas. Devido à indisponibilidade de uma distinção clara entre lamas homogéneas e heterogéneas, o fluxo em que o diâmetro médio das partículas é superior a 50μm apresenta geralmente propriedades heterogéneas.

As pastas heterogéneas têm um comportamento de fluxo mais complicado do que as pastas homogéneas. Estas pastas são tipicamente uma mistura de partículas mais grossas num fluido de transporte homogéneo. Devido ao peso submerso e aos efeitos da gravidade sobre as partículas grossas, ocorre sedimentação dentro do fluxo. Como resultado, os perfis de concentração e de velocidade no domínio do escoamento não são uniformes.

1.1.2 Classificação com base na concentração de sólidos

Para escoamentos heterogéneos newtonianos, a concentração de sólidos é frequentemente utilizada como critério para determinar se o escoamento é diluído ou denso. Se o movimento das partículas for controlado por forças hidrodinâmicas locais, diz-se que a mistura é diluída. Neste caso, os efeitos das interações partícula-partícula podem ser negligenciados. No caso em que o fluxo é controlado tanto pelas forças hidrodinâmicas como pela interação partícula-partícula, a mistura é considerada densa.

Não existe um critério universal para distinguir entre escoamentos diluídos e densos com base na concentração. O critério varia de estudo para estudo e depende do tipo de mistura e da estrutura do fluxo sob investigação. As caraterísticas físicas de um fluxo diluído ou denso foram classificadas em três categorias com base nas colisões entre partículas: 1) fluxo sem colisões ou fluxo diluído; 2) fluxo dominado por colisões ou fluxo de concentração média; e 3) fluxo dominado por contacto ou fluxo denso.

1.5 Queda de pressão

O projeto de um sistema de condutas de polpa envolve a estimativa da perda de carga e, consequentemente, a necessidade de potência em várias condições de funcionamento. Estão disponíveis na literatura várias correlações para a previsão do fator de atrito de Fanning, que são, na sua maioria, de natureza empírica. Estas correlações foram desenvolvidas com base em parâmetros reológicos e em dados experimentais relativos a lamas homogéneas de várias dimensões. A maioria das equações desenvolvidas baseou-se em dados limitados que incluem partículas uniformes ou de dimensão reduzida com concentrações muito baixas a moderadas. Estas correlações são susceptíveis de grande incerteza à medida que se parte de uma base de dados limitada que as suporta.

1.6 Perfil de concentração e velocidade

O desgaste, que é definido como a perda de volume de material de uma superfície devido à abrasão, erosão ou outras causas, é uma consideração muito importante na conceção e funcionamento do sistema de lamas. Afecta tanto o custo de capital inicial como a vida útil dos componentes. Foi indicado na literatura que o desgaste é proporcional à concentração volumétrica e à velocidade, pelo que é razoável assumir que o desgaste dependerá do número de impactos de partículas na superfície, que depende da velocidade e da concentração. Assim, é importante conhecer em pormenor o perfil de velocidade e concentração do sólido para compreender o fenómeno de desgaste.

O transporte de sólidos através de condutas em grande escala passou a ser aceite como uma alternativa viável aos modos de transporte convencionais. Já foi construído um grande número de condutas para polpas abrasivas em todo o mundo e muitas mais estão ainda por construir. Para conceber a conduta, os projectistas necessitam de informações precisas sobre a queda de pressão, a velocidade crítica, os regimes de escoamento, etc. A necessidade e os benefícios de prever com precisão os perfis de velocidade, a queda de pressão e o perfil de concentração da conduta de polpa durante a fase de projeto são enormes, uma vez que permitem uma melhor seleção da bomba de polpa e a otimização do consumo de energia. Os investigadores de todo o mundo têm-se esforçado por desenvolver modelos exactos. As principais equações empíricas relativas à queda de pressão, retenção, velocidade crítica e identificação do regime de escoamento, quando testadas com dados experimentais de diferentes sistemas recolhidos de literatura aberta, verificou-se que o erro de previsão varia, em média, acima de 25%. A sílica tem utilizações comerciais diretas, tais como argilas, areia de sílica e a maioria dos tipos de pedra de construção. Assim, a grande maioria das utilizações do silício são como compostos estruturais, quer como minerais de silicato quer como sílica (dióxido de silício bruto). Os silicatos são utilizados no fabrico de **cimento Portland** (feito principalmente de silicatos de cálcio), que é utilizado na **argamassa de construção** e no **estuque** moderno, mas, mais importante ainda, combinado com areia de sílica e cascalho (geralmente contendo minerais de silicato, como o granito), para fazer o **betão** que é a base da maioria dos maiores projectos de construção industrial do mundo moderno. A areia vítrea, isenta de impurezas orgânicas e argilosas, é utilizada no fabrico de papel de areia, de tecido abrasivo, etc. Geralmente, são utilizadas areias trituradas de arenito e quartzito. As areias de origem fluvial não são adequadas porque não possuem as faces angulares. A utilização mais comum do quartzo e da areia de vidro, também designada por areia siliciosa, é o fabrico de vidro. Foram feitos grandes progressos no fabrico de vidro translúcido, transparente, colorido e transparente em folhas ou em objectos de vidro.

A motivação do presente trabalho é encontrar a aplicabilidade da Dinâmica dos Fluidos Computacional (CFD) na modelação do escoamento de lamas. As limitações das correlações baseadas em equações empíricas são o facto de não fornecerem uma visão mais profunda dos fenómenos complexos do escoamento de polpas abrasivas.

Nos últimos anos, com o avanço das técnicas de CFD, a CFD tornou-se uma ferramenta poderosa para prever o escoamento de fluidos, a transferência de calor/massa, as reacções químicas e fenómenos relacionados, através da resolução de equações matemáticas que regem estes processos utilizando um algoritmo numérico num computador. Tendo em conta as limitações dos estudos publicados, o presente trabalho concentrou-se no desenvolvimento sistemático de um modelo baseado em CFD para prever o perfil de concentração de sólidos, o perfil de velocidade e a queda de pressão em condutas de polpa.

Até à data, foram realizados muitos trabalhos de investigação sobre o escoamento de lamas em condutas curvas e rectas, mas há menos trabalhos disponíveis sobre a curvatura de condutas no plano vertical, tendo em conta o efeito da temperatura. Neste artigo, tentou-se fazer um esforço valioso nesta área.

CAPÍTULO 2

REVISÃO DA LITERATURA

No passado, foi efectuado um trabalho de investigação considerável para prever a queda de pressão, o perfil de concentração e o perfil de velocidade do fluxo de lamas sólidas e líquidas através de condutas. O conhecimento exato dos parâmetros acima mencionados constitui uma grande ajuda na seleção da bomba de polpa e, consequentemente, melhora o consumo de energia. Vários factores que afectam os parâmetros, como a queda de pressão, o perfil de velocidade, etc., foram investigados por numerosos investigadores. A maior parte da investigação efectuada no passado centra-se na concentração baixa ou moderada de partículas sólidas. No presente estudo, antes do trabalho de investigação, foi efectuada uma extensa revisão dos trabalhos publicados no domínio do transporte de lamas sólido-líquido, com ênfase no efeito de vários factores, como a distribuição do tamanho das partículas, a carga sólida, a mistura de partículas de diferentes tamanhos que afectam a queda de pressão, o perfil de concentração e as caraterísticas do perfil de velocidade, e neste capítulo é apresentada uma revisão dos trabalhos publicados.

P.L. Spedding et al. (2007) realizaram uma experiência sobre a queda de pressão no escoamento bifásico de água do ar através de uma curva em cotovelo vertical para horizontal, a queda de pressão na tangente de entrada vertical mostrou algumas diferenças significativas em relação à encontrada para o tubo vertical reto. Isto foi causado pelo facto de a curva em cotovelo estrangular parcialmente o fluxo de entrada, resultando numa acumulação de pressão e de líquido no tubo vertical de entrada, e por diferenças na estrutura dos regimes de fluxo quando comparados com o tubo vertical reto num fluxo totalmente desenvolvido, para a queda de pressão da curva em cotovelo em termos de números de Reynolds totais. Foi demonstrado que a perda de pressão da curva em cotovelo era melhor tratada em termos de *le/d* calculado utilizando a perda de pressão real.

Toda et al. investigaram o transporte hidráulico de materiais sólidos através de curvas de tubos, tendo-se verificado que o comportamento das partículas em curvas de tubos era muito complicado devido ao efeito das forças gravitacionais e centrífugas e ao fluxo secundário do fluido. A experiência revelou que tanto as partículas de poliestireno como as de vidro apresentavam uma queda de pressão adicional, que era quase constante independentemente do caudal, semelhante ao caso das curvas de tubos horizontais.

J. Wydrych et al. (2014) investigaram modelos de fluxo multifásico e apresentaram na instalação com cotovelo. No trabalho, três métodos: Euler-Euler, Euler Lagrange e E-L com modificação foram comparados com resultados de experimento. Este trabalho mostra que o modelo de Euler-Euler parece ser mais útil para os escoamentos considerados. secção. Os gradientes médios de pressão das soluções numéricas foram comparados com os dados experimentais e considerados satisfatórios.

D.R. Kaushal et al. (2013) realizaram uma experiência para o escoamento de partículas monodispersas de lama de gasoduto através de uma curva horizontal, que foi simulada numericamente através da implementação do modelo Euleriano de duas fases no software FLUENT. Uma forma hexagonal e uma grelha tridimensional não uniforme do tipo Cooper são escolhidas para discretizar todo o domínio computacional e é utilizado um método de diferenças finitas de volume de controlo para resolver as equações determinantes. O modelo Euleriano fornece previsões bastante exactas tanto para a queda de pressão como para os perfis de concentração em todas as concentrações de efluxo e velocidades de escoamento.

Mukhtar et al. (1995) investigaram o coeficiente de perda de curvatura para uma curva de raio longo de 90' no escoamento de uma pasta de partículas multisized é menor do que para a água. É relativamente independente da concentração de sólidos e da gravidade específica. Desde que as velocidades da mistura excedam a velocidade de deposição em pelo menos 0,5 m/s, o valor do coeficiente de curvatura pode ser assumido como independente das velocidades do fluxo. À medida que a velocidade de deposição se aproxima, a perda adicional na curva diminui. Este facto pode ser atribuído à redistribuição das partículas sólidas na curva devido aos fluxos secundários.

R. Giguère et al. (2009) investigaram experimentalmente a influência da curva do tubo entre fluxos descendentes e horizontais nas velocidades de transição entre regimes de fluxo de lama num tubo horizontal, tendo sido caracterizada utilizando tomografia de resistência eléctrica. Para além disso, a concentração de sólidos influencia estas transições a baixa concentração, enquanto que a alta concentração tem pouca influência. Estas observações foram comparadas com correlações para as velocidades de transição num tubo horizontal.

K. Ayukawa et al. (2004) derivaram uma fórmula para a queda de pressão causada por uma curva a partir da análise da relação de energia no escoamento. O termo aditivo nesta fórmula, correspondente à alteração do movimento do fluido, é determinado pelos resultados da experiência e é discutido em relação aos padrões de fluxo através de uma curva. Esta fórmula está em boa concordância com os resultados da experiência.

T. K. Bandyopadhyay et al. (2015) efectuaram uma análise de Dinâmica de Fluidos Computacional (CFD) para o escoamento de líquido não newtoniano e gás-não newtoniano através de cotovelos. O software comercial Fluent 6.3 foi utilizado para a simulação. Foi utilizado o modelo de lei de potência pseudoplástico não newtoniano laminar para a simulação do escoamento de líquidos não newtonianos através de cotovelos. Para o escoamento bifásico, foi utilizada a abordagem Elurian-Elurian para a simulação, tendo a análise CFD sido testada a partir dos nossos resultados experimentais publicados anteriormente,

N. Z. Aung et al. (2013) apresentaram as simulações de dinâmica de fluidos computacional (CFD) e observações experimentais do padrão de fluxo bifásico gás-líquido caraterístico através de um cotovelo vertical para horizontal em ângulo reto (90°). Os resultados mostraram que o padrão de fluxo gás-líquido dentro e a jusante da curva do cotovelo dependia principalmente da velocidade do líquido e também é influenciado pela qualidade do gás a altas velocidades do líquido. A velocidades de líquido mais baixas, a separação gás-líquido começou cedo na curva em cotovelo e a fase gasosa migrou para a curva exterior. Depois, transformou-se suavemente em fluxo estratificado à saída do cotovelo.

R. M.Turian et al. (1998) efectuaram experiências para determinar as perdas por atrito no escoamento de lamas concentradas de laterite e gesso através de curvas, acessórios, válvulas e venturimetros. O trabalho experimental foi efectuado utilizando uma instalação de escoamento de lamas constituída por vários circuitos de escoamento ao longo dos quais foram instalados os diferentes elementos de tubagem. Para as lamas, os coeficientes de descarga aumentaram com o aumento do caudal e aproximaram-se de valores assintóticos a caudais elevados, que eram os mesmos que os valores para um fluxo de água altamente turbulento.

A.K. Verma et al. (2006) experimentou a queda de pressão através de uma curva horizontal de 90° para a lama de cinzas volantes em concentrações elevadas, tendo verificado que, em qualquer concentração, a queda de pressão relativa é independente da velocidade na gama testada. O coeficiente de perda na curva a qualquer velocidade aumenta com o aumento da concentração. A perda de pressão permanente aumenta marginalmente com a concentração e a velocidade. A contribuição das condições de fluxo perturbado a jusante da curva para a perda de pressão total é muito menor no caso de pastas altamente concentradas em comparação com a da água.

J. Ling et al. (2003) simularam usando um modelo simplificado de mistura de deslizamento algébrico 3D (ASM) para obter a solução numérica no fluxo de lama areia-água. Para que o estudo obtivesse a solução numérica precisa num escoamento turbulento totalmente desenvolvido, foi utilizado o modelo turbulento RNG K-e com o modelo ASM. As investigações numéricas revelaram algumas caraterísticas importantes do escoamento de lamas, tais como as distribuições da fração volúmica, a densidade da lama, a magnitude da velocidade de deslizamento, as distribuições da velocidade média da lama e as distribuições do coeficiente médio de atrito cutâneo da lama numa secção totalmente desenvolvida, que nunca foram apresentadas nas experiências.

D.R. Kaushal et al. (2002) modificaram o modelo analítico proposto por Karabelas e actualizaram-no para prever o perfil de concentração e a distribuição do tamanho das partículas ao longo da secção transversal de uma conduta retangular para o escoamento de lamas com partículas de várias dimensões. As limitações do modelo original foram identificadas e as modificações incorporadas para ter em conta o efeito da concentração de sólidos na taxa de sedimentação e na difusividade das partículas. As previsões do modelo modificado estão em boa concordância com os resultados experimentais.

J. Capecelatro et al. (2013) investigaram, em tubos horizontais, a dinâmica complexa do escoamento multifásico associado a condições de funcionamento acima e abaixo da velocidade crítica de deposição. Os resultados computacionais indicam segregação no tamanho das partículas ao longo da direção vertical, com as partículas mais pequenas localizadas no topo, aumentando monotonicamente até à superfície do leito, onde se localizam as partículas maiores.

D. R. Kaushal et al.(2012) Fizeram experiências com esferas de vidro com um diâmetro médio de 125 µm para uma velocidade de escoamento até 5 m/s e quatro concentrações globais até 50% (nomeadamente, 0%, 30%, 40% e 50%) em volume para cada velocidade. Os resultados da modelação de ambos os modelos para a queda de pressão no fluxo de água estão em boa concordância com os dados experimentais. As distribuições de velocidade e de velocidade de deslizamento que nunca foram medidas experimentalmente a concentrações tão elevadas, previstas pelo modelo Euleriano, são apresentadas para as gamas de concentração e de velocidade abrangidas neste estudo. A velocidade de deslizamento entre o fluido e os sólidos arrastou a maior parte das partículas para o núcleo central da tubagem, fazendo com que o ponto de concentração máxima ocorresse longe do fundo da tubagem.

S. Chandel et al. (2010) relataram a queda de pressão e as caraterísticas reológicas da mistura de cinzas volantes (FA) e cinzas de fundo (BA) (4:1) em altas concentrações (acima de Cw 50% em peso). As quedas de pressão foram medidas a várias velocidades de fluxo utilizando um circuito de teste de uma instalação piloto em várias concentrações. O consumo específico de energia para o transporte da pasta de cinzas de carvão foi calculado a velocidades fixas e a sua dependência da concentração de sólidos foi analisada quantitativamente.

T. Nabil et al.(2014) simularam um modelo de dois fluidos com base na abordagem Euleriana-Euleriana juntamente com um modelo de turbulência k-ε padrão com propriedades de mistura. O modelo Euleriano é o mais complexo e computacionalmente intensivo entre os modelos multifásicos. Em particular, ele resolve um conjunto de equações de momento e continuidade para cada fase. O modelo computacional foi mapeado no (CFD). observou que as partículas estavam distribuídas assimetricamente no plano vertical, com o grau de assimetria a aumentar com o aumento do tamanho das partículas devido ao efeito gravitacional. Também foi observado que o grau de assimetria para a mesma concentração total de lama aumentava com a diminuição da velocidade do fluxo.

E. S. Mosa et al. (2007) investigaram os efeitos da temperatura e do pH nas caraterísticas reológicas da lama de água de carvão (CWS). Verificou-se que a viscosidade aparente e o grau de pseudoplasticidade diminuem acentuadamente com o aumento da temperatura da pasta. A temperaturas superiores a 180' F, a lama de carvão mostrou um comportamento de fluido newtoniano. A viscosidade aparente aumentou com o aumento do pH em toda a gama de pH estudada. Por outro lado, o grau de pseudoplasticidade diminuiu acentuadamente com o aumento do pH até pH 6 e depois aumentou. A um pH igual a 6, a lama apresentou um comportamento de fluido newtoniano. Durante o transporte da lama de carvão e água, observou-se que a viscosidade aparente aumenta com o aumento do número de ciclos de bombagem. Este facto foi atribuído a alterações na distribuição do tamanho das partículas como resultado da degradação das partículas que, por sua vez, aumentam a queda de pressão ao longo da conduta. Por conseguinte, recomenda-se que se tenha em conta o efeito da degradação das partículas na conceção de condutas de transporte de polpas abrasivas.

Verma et al. (2006) calcularam a queda de pressão através de uma curva horizontal de 90o para a lama de cinzas volantes. A lama de cinzas volantes foi utilizada numa concentração elevada. A queda de pressão ao longo da curva foi medida em cinco concentrações no intervalo de 50-65% (por peso). Os dados da experiência foram analisados para obter a queda de pressão relativa e o coeficiente de perda na curva. O circuito de ensaio da instalação-piloto consistia num circuito fechado de tubos de aço macio com 30 m de comprimento; o tubo tem um diâmetro de 53 mm. A bomba é acionada por um motor de indução de 22 kW, 415 v e 40 A. Foi utilizada uma curva circular de tubo de aço macio com um ângulo de viragem de 90o e um rácio de raio de 5,6 para gerar os dados de perda de carga experimentalmente. O material sólido utilizado foi a cinza volante, que tem uma gravidade específica de 2,06 e um valor de pH de 7,1 a uma concentração sólida de 60%. Os tamanhos máximo e mínimo das partículas são 300 µm e 3 µm, sendo que 84,4% das partículas são mais finas do que 75 µm. Concluíram do estudo que: 1) A queda de pressão relativa através da curva do tubo aumenta com o aumento da velocidade e aproxima-se de um valor constante a alta velocidade para todas as concentrações de sólidos. 2) O coeficiente de perda na curva mostra uma tendência de redução com o aumento da velocidade do fluxo para o fluxo de lama em todas as concentrações. 3) O coeficiente de perda de pressão permanente para as curvas aumenta marginalmente com o aumento da velocidade do fluxo em todas as concentrações testadas. 4) As perturbações do fluxo a jusante da curva do tubo resultam em perdas adicionais e na sua contribuição para a perda de pressão permanente.

Lahiri et al. (2010) destacaram a necessidade de modelar corretamente a força de arrasto entre fases. As várias correlações de arrasto disponíveis na literatura foram incorporadas a um modelo de dois fluidos (Euler-Euler) juntamente com o modelo de turbulência k-ε padrão com propriedades de mistura para simular o fluxo turbulento sólido-líquido em uma tubulação. Para uma dada velocidade, o aumento da concentração reduziu a assimetria devido ao aumento do efeito de interferência entre as partículas sólidas. Foi observada uma mudança distinta na forma dos perfis de concentração, indicando o regime de leito deslizante para partículas mais grossas a velocidades de fluxo mais baixas.

Existem muitos trabalhos sobre o escoamento através de tubos no plano horizontal, mas há menos trabalhos disponíveis no plano vertical. Há menos trabalhos sobre o efeito da temperatura.

E há muito poucos trabalhos de investigação que utilizam a simulação da modelação do plano vertical do fluxo de lamas.

CAPÍTULO 3

DINÂMICA DE FLUIDOS COMPUTACIONAL (CFD)

A dinâmica de fluidos computacional, normalmente abreviada como CFD, é um ramo da mecânica dos fluidos que utiliza métodos numéricos e algoritmos para resolver e analisar problemas que envolvem escoamentos de fluidos. Os computadores são utilizados para efetuar os cálculos necessários para simular a interação de líquidos e gases com superfícies definidas por condições de fronteira. Com os supercomputadores de alta velocidade, é possível obter melhores soluções. No entanto, a CFD envolve a criação de uma malha computacional para dividir o fluido contínuo do mundo real em secções discretas mais fáceis de gerir. As equações que regem o escoamento do fluido podem então ser aplicadas a cada secção individualmente, mas como as propriedades de cada secção estão ligadas às secções vizinhas, todas as secções podem ser resolvidas simultaneamente até se encontrar uma solução completa para todo o campo de escoamento. A investigação em curso produz software que melhora a precisão e a velocidade de cenários de simulação complexos, como os escoamentos transónicos ou turbulentos.

Como é que o CFD calcula a solução? Todos sabemos que os aspectos físicos de qualquer escoamento de fluidos são regidos por três princípios fundamentais:

1) A massa é conservada

2) Segunda lei de Newton (**força**≈ mudança de momento);

3) A energia é conservada.

Estes princípios físicos fundamentais podem ser expressos em termos de equações matemáticas básicas, que na sua forma mais geral são equações integrais ou equações diferenciais parciais. A dinâmica dos fluidos computacional é a arte de substituir as integrais ou as derivadas físicas nestas equações por formas algébricas discretizadas, que por sua vez são resolvidas para obter *números* para os valores do campo de escoamento em pontos discretos no tempo e/ou no espaço, pelo que o instrumento que permitiu o crescimento prático da CFD são os computadores digitais de alta velocidade. Existem vários pacotes de software disponíveis, tais como Fluent, CFX, CFDRC, Comsol, que podem ser utilizados para a simulação.

3.1 **Várias técnicas de discretização**

A estabilidade da discretização selecionada é geralmente estabelecida numericamente e não analiticamente, como nos problemas lineares simples. Também é necessário ter especial cuidado para garantir que a discretização lida com soluções descontínuas de forma graciosa. As equações de Euler e as equações de Navier-Stokes admitem choques e superfícies de contacto

A discretização é o processo pelo qual uma expressão matemática de forma fechada, como uma equação integral ou diferencial que envolve uma função, todas elas vistas como tendo um contínuo infinito de valores ao longo de um determinado domínio, é aproximada por expressões análogas que prescrevem valores apenas num número finito de pontos ou volumes discretos no domínio. A solução analítica de equações diferenciais parciais envolve uma expressão de forma fechada que dá a variação das variáveis dependentes continuamente ao longo do domínio. Em contrapartida, as soluções numéricas podem dar respostas apenas em pontos discretos do domínio, designados por pontos de grelha. As várias técnicas de discretização utilizadas em CFD são apresentadas na figura seguinte

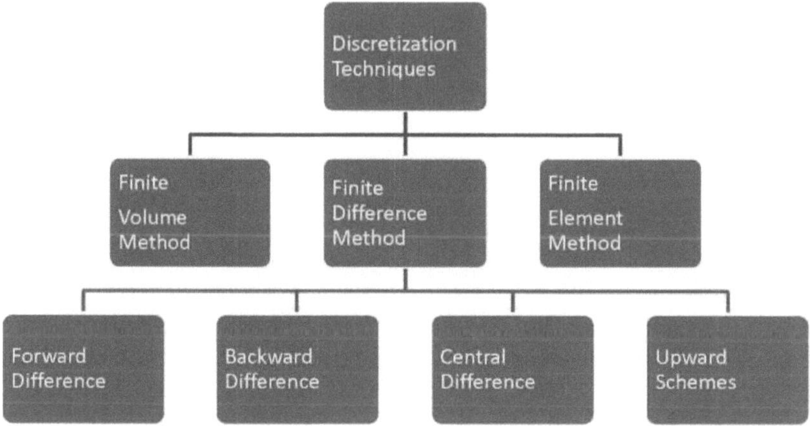

Fig. 3.1 várias técnicas de discretização

3.2   Metodologia CFD

O rápido crescimento e a investigação no domínio da CFD, a sua aplicação e a sua capacidade de cálculo tornaram possível o desenvolvimento de vários códigos CFD comerciais, como o FLUENT, o CFX e o STAR-CD. O processo completo de CFD no software comercial divide-se basicamente em três partes, nomeadamente o pré-processamento, o solucionador e o pós-processamento.

A Fig. 3.2 mostra o procedimento completo de análise CFD

3.2.1 Pré-processamento

3.2.1.1   Criação de geometria

A geometria foi produzida num sistema de desenho assistido por computador (CAD) ou construída de raiz. O software ANSYS DesignModeller é a porta de entrada para a manipulação da geometria

21

para análise com o software ANSYS.

Utilizando uma ferramenta de desenho especializada, pode ser criada a geometria do domínio do escoamento. Normalmente, primeiro são desenhados os esboços 2-D e depois são utilizadas ferramentas 3-D para gerar a geometria completa. *3.2.1.2 Geração da malha*

O volume ocupado pelo fluido é dividido em células discretas (a malha). A malha pode ser uniforme ou não uniforme. A disposição destas células discretas determina as posições onde as variáveis de escoamento devem ser calculadas e armazenadas. O gradiente da variável é calculado com maior precisão numa malha fina do que numa malha grossa. Por conseguinte, é aconselhável ter uma malha fina quando são esperadas grandes variações nas variáveis de escoamento. No entanto, uma malha fina requer mais tempo e potência computacional.

3.2.2 Solucionador

A modelação física é definida - por exemplo, as equações do movimento + entalpia + radiação + conservação das espécies,

As condições de fronteira são definidas. Isto envolve a especificação do comportamento e das propriedades do fluido nos limites do problema. Para problemas transientes, as condições iniciais também são definidas. A simulação é iniciada e as equações são resolvidas iterativamente como um estado estacionário ou transiente.

Esta fase envolve a definição das propriedades dos fluidos e dos materiais, dos modelos de escoamento (modelo multifásico, modelo viscoso, radiação, equação da energia, etc.), das condições de fronteira e das condições iniciais de escoamento. O controlo da solução e os critérios de convergência também são definidos nesta fase, o que reflecte o tempo gasto e a precisão do resultado simulado.

3.2.3 Processamento posterior

Aqui, os dados obtidos a partir do solucionador são visualizados e apresentados utilizando uma variedade de métodos gráficos, tais como gráficos de contorno, planos, vectores e linhas. Também podem ser efectuados cálculos para obter os valores de variáveis escalares e vectoriais, como a velocidade, a pressão, etc., em diferentes locais.

3.3 Vantagens e desvantagens do CFD

Vantagens

Atualmente, os programadores de software de dinâmica de fluidos computacional (CFD) concentram-se no desenvolvimento de novos modelos capazes de simular o escoamento líquido-sólido com um nível de consistência muito mais elevado. A CFD permite conhecer os padrões de escoamento que são difíceis, dispendiosos ou impossíveis de estudar utilizando as técnicas tradicionais (experimentais). As cinco principais vantagens da CFD em relação à dinâmica de fluidos experimental são apresentadas de seguida:

> Os prazos de conceção e desenvolvimento são significativamente reduzidos.

> O CFD pode simular condições de fluxo que não são reproduzíveis em testes experimentais.

> O CFD fornece informações mais pormenorizadas.

> O CFD é cada vez mais económico do que os ensaios em túnel de vento.

> O CFD permite reduzir o consumo de energia.

Desvantagens

> Modelos físicos: As soluções CFD só podem ser tão exactas como o modelo físico em que são utilizadas.

> Erros numéricos: erro numérico quando um problema é resolvido em computador

> Condições de fronteira: quando as condições iniciais/de fronteira fornecidas ao modelo numérico são exactas, a solução CFD é tão boa quanto possível.

3.4 Aplicações de CFD

Existem muitas aplicações de CFD. Algumas delas são:

> Os arquitectos podem conceber ambientes de vida confortáveis e seguros.

> Os projectistas de veículos podem melhorar as caraterísticas aerodinâmicas.

> Os engenheiros químicos podem maximizar o rendimento do seu equipamento.

> Os engenheiros petrolíferos podem conceber estratégias óptimas de recuperação de petróleo.

> Os cirurgiões podem curar doenças arteriais (hemodinâmica computacional).

> Os meteorologistas podem prever o estado do tempo e alertar para catástrofes naturais.

> Os peritos em segurança podem reduzir os riscos para a saúde decorrentes da radiação e de outros perigos.

> As organizações militares podem desenvolver armas e calcular os danos, etc.

> Aerodinâmica de veículos terrestres, aeronaves e mísseis.

> Transferência de calor em processos industriais (caldeiras, permutadores de calor, equipamento de combustão, tubagens, etc.)

> Fluxos de ventilação, aquecimento e arrefecimento em edifícios.

> Transferência de calor para aplicações de embalagem eletrónica e muito mais.

3.5 Modelação multifásica

Tipos de modelação multifásica

Existem duas abordagens para o cálculo numérico do fluxo multifásico *Fluent (2011)*.

> Abordagem Euler-Lagrange

> Abordagem Euler-Euler

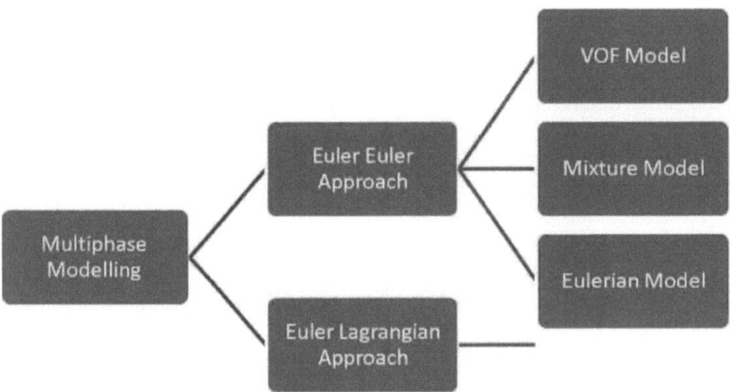

Fig. 3.3 várias abordagens à modelação multifásica

Abordagem EULER-LANGRANGE

O modelo lagrangiano de fase discreta no ANSYS FLUENT (descrito neste capítulo) segue a abordagem de Euler-Lagrange. A fase fluida é tratada como um contínuo através da resolução das equações de Navier-Stokes, enquanto a fase dispersa é resolvida através do rastreamento de um grande número de partículas, bolhas ou gotículas através do campo de escoamento calculado. A fase dispersa pode trocar momento, massa e energia com a fase fluida.

Esta abordagem torna-se consideravelmente mais simples quando as interações partícula-partícula podem ser negligenciadas, o que exige que a segunda fase dispersa ocupe uma fração de volume baixa, apesar de ser aceitável uma carga de massa elevada ($m_{particle} > m_{fluid}$). As trajectórias das partículas ou das gotículas são calculadas individualmente a intervalos específicos durante o cálculo da fase fluida. Isto torna o modelo adequado para a modelação de secadores por pulverização, combustão de carvão e de combustíveis líquidos e alguns escoamentos carregados de partículas, mas inadequado para a modelação de misturas líquido-líquido, leitos fluidizados ou qualquer aplicação em que a fração de volume da segunda fase não possa ser negligenciada. Para aplicações como estas, as interações partícula-partícula podem ser incluídas utilizando o Modelo de Elementos Discretos, que é discutido em *Modelo de Colisão do Método de Elementos Discretos*.

Abordagem EULER-EULER

Na abordagem de Euler-Euler, as diferentes fases são tratadas matematicamente como contínuos interpenetrantes. Uma vez que o volume de uma fase não pode ser ocupado pelas outras fases, é introduzido o conceito de fração de volume fásico. Estas fracções de volume são assumidas como funções contínuas do espaço e do tempo e a sua soma é igual a um. As equações de conservação para cada fase são derivadas para obter um conjunto de equações, que têm uma estrutura semelhante para todas as fases. Estas equações são fechadas através de relações constitutivas que são obtidas a partir de informação empírica ou, no caso de escoamentos granulares, através da aplicação da teoria cinética.

Existem três modelos multifásicos de Euler-Euler diferentes:

> Modelo de volume de fluido (VOF)

> Modelo de mistura

> Modelo Euleriano.

Modelo VOF

O modelo VOF é uma técnica de rastreamento de superfície aplicada a uma malha Euleriana fixa. Foi concebido para dois ou mais fluidos imiscíveis em que a posição da interface entre os fluidos é de interesse. Esta abordagem é particularmente aplicável a escoamentos estratificados ou separados em que a fase dispersa está bem separada da fase contínua com uma interface distinta. A formulação VOF baseia-se no facto de dois ou mais fluidos não se interpenetrarem. Para cada fase adicional que adicionamos ao modelo, é introduzida uma variável: fração de volume da fase na célula computacional. No modelo VOF, um único conjunto de equações de momento é partilhado pelos fluidos e a fração volumétrica de cada um dos fluidos em cada célula computacional é monitorizada ao longo do domínio. As aplicações do modelo VOF incluem escoamentos estratificados, escoamentos de superfície livre, enchimento, sloshing e o movimento de grandes bolhas num líquido

Modelo de mistura

O modelo de mistura é concebido para duas ou mais fases (fluido ou partículas). O modelo de mistura é um modelo multifásico simplificado que pode ser utilizado para modelar escoamentos multifásicos em que as fases se movem a diferentes velocidades. Também pode ser utilizado para modelar escoamentos multifásicos homogéneos com um acoplamento muito forte. Tal como no modelo Euleriano, as fases são tratadas como contínuos interpenetrantes. O modelo de mistura resolve a equação do momento da mistura e prescreve velocidades relativas para descrever a fase dispersa. O modelo de mistura é um bom substituto para o modelo multifásico Euleriano em vários casos. Um modelo multifásico completo pode não ser viável quando há uma ampla distribuição da fase particulada ou quando as leis interfásicas são desconhecidas. As aplicações do modelo de mistura incluem escoamentos carregados de partículas com baixa carga, escoamentos borbulhantes e separadores de sedimentação e de ciclones. O modelo de mistura também pode ser utilizado sem velocidades relativas para a fase dispersa para modelar escoamentos multifásicos homogéneos.

Modelo Euleriano

O modelo Euleriano é o mais complexo dos modelos multifásicos. Resolve um conjunto de n equações de momento e continuidade para cada fase. Os acoplamentos são obtidos através dos coeficientes de pressão e de troca entre fases. A forma como este acoplamento é tratado depende do tipo de fases envolvidas; os escoamentos granulares (fluido-sólido) são tratados de forma diferente dos escoamentos não granulares (fluido-fluido). Para os escoamentos granulares, as propriedades são obtidas a partir da aplicação da teoria cinética. A troca de momento entre as fases também depende do tipo de mistura que está a ser modelada. As aplicações do Modelo Multifásico Euleriano incluem colunas de bolhas, risers, suspensão de partículas e leitos fluidizados. A solução do modelo baseia-se no seguinte: I. Uma única pressão é partilhada por todas as fases.

II. As equações de momento e de continuidade são resolvidas para cada fase.

III. Os seguintes parâmetros estão disponíveis para as fases granulares:

> Temperatura granular

> Cisalhamento em fase sólida e viscosidade aparente

3.6 Formulação do modelo multifásico CFD

No presente trabalho, é utilizado o modelo multifásico Euleriano, em que a fase líquida e a fase sólida são consideradas como contínuos interpenetrantes. O modelo Euleriano-Lagrangiano, que permite o seguimento de partículas, é, em princípio, mais realista. Após avaliação da literatura relevante, conclui-se que o número de partículas que podem ser rastreadas por diferentes softwares comerciais é muito limitado, limitando assim a aplicabilidade do modelo Euleriano-Lagrangiano apenas a misturas diluídas,

3.6.1 Modelo Euleriano

Para passar de um modelo monofásico, em que é resolvido um único conjunto de equações de conservação do momento, da continuidade e (opcionalmente) da energia, para um modelo multifásico, devem ser introduzidos conjuntos adicionais de equações de conservação. No processo de introdução de conjuntos adicionais de equações de conservação, o conjunto original também deve ser modificado. As modificações envolvem, entre outras coisas, a introdução das fracções de volume a1, a2, a3 ... an para as múltiplas fases, bem como mecanismos para a troca de momento, calor e massa entre as fases.

Equação da fração de volume

O volume da fase q, V_q, é definido como:

$$\sum_{q=1}^{n} \alpha_q = 1 \qquad \ldots\ldots 3.1$$

Em que αq representa a concentração de fase da partícula q

Equação da continuidade

A equação de continuidade para a fase q é dada como

$$\nabla \cdot \left(\alpha_p \rho_p \vec{v}_p\right) = 0 \qquad \ldots\ldots\ldots 3.2$$

Sendo p sólido ou fluido

Equação de momento:

Para a fase líquida:

$$\nabla \cdot \left(\alpha_f \rho_f \vec{v}_f \vec{v}_f\right) = -\alpha_f \nabla P + \nabla \cdot \bar{\bar{\tau}}_f + \alpha_f \rho_f \vec{g}$$

$$+K_{sf}\left(\vec{v}_s - \vec{v}_f\right) + F_L + F_{VM} \qquad \ldots\ldots\ldots 3.3$$

Para a fase sólida:

$$\ldots 3.4$$

f representa o fluido , s representa o sólido, α representa a concentração de fases , ρ representa a densidade , v representa a velocidade, g representa a gravidade, representa a força de elevação ,F representa a força de massa virtual, $\bar{\bar{\tau}}_s$ tensor de tensão , ∇ gradiente de pressão estática , coeficiente de arrasto interfásico

Equações de energia:

$$\ldots\ldots 3.5$$

representa a entalpia específica da fase q, representa o fluxo de calor, representa o termo fonte, representa a troca de calor entre as fases p e q, representa a entalpia interfásica

3.7 Critérios de seleção para o modelo multifásico

O primeiro passo na resolução de qualquer problema multifásico é determinar qual dos regimes melhor representa o escoamento. As diretrizes gerais fornecem algumas orientações gerais para determinar os modelos apropriados para cada regime e as diretrizes detalhadas fornecem pormenores sobre como determinar o grau de acoplamento interfásico para escoamentos envolvendo bolhas, gotículas ou partículas e os modelos apropriados para diferentes quantidades de acoplamento.

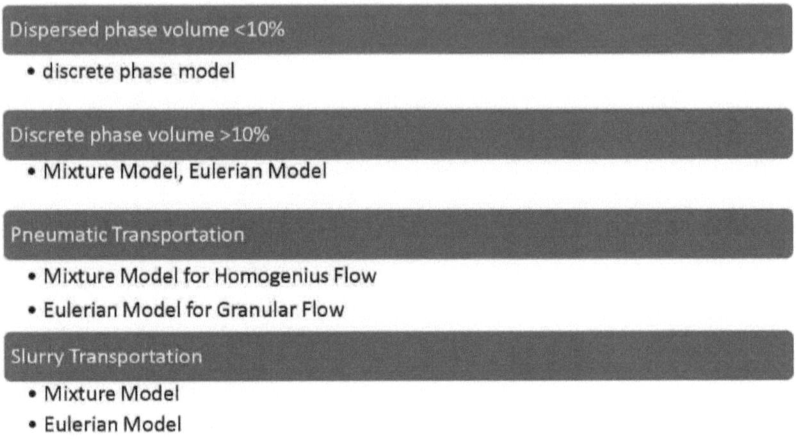

Dispersed phase volume <10%

- discrete phase model

Discrete phase volume >10%

- Mixture Model, Eulerian Model

Pneumatic Transportation

- Mixture Model for Homogenius Flow
- Eulerian Model for Granular Flow

Slurry Transportation

- Mixture Model
- Eulerian Model

Fig 3.4 Diretrizes para a escolha do modelo multifásico

Uma vez determinado o regime de escoamento, a melhor representação de um sistema multifásico pode ser selecionada utilizando um modelo adequado.

3.8 Modelação de turbulência

A modelação da turbulência é a construção e utilização de um modelo para prever os efeitos da turbulência. O cálculo da média é frequentemente utilizado para simplificar a solução das equações que regem a turbulência, mas são necessários modelos para representar escalas do escoamento que não são resolvidas.

3.8.1 Complexidade da modelação da turbulência

A complexidade dos diferentes modelos de turbulência pode variar muito, dependendo dos pormenores que se pretendem observar e investigar através da realização de tais simulações numéricas. A complexidade deve-se à natureza da equação de Navier-Stokes (equação N-S). A equação de Navier-Stokes é inerentemente não linear, dependente do tempo, uma EDP tridimensional.

A turbulência pode ser considerada como uma instabilidade do fluxo laminar que ocorre com um número de Reynolds (Re) elevado. As interações rotacionais e tridimensionais estão mutuamente ligadas através do alongamento de vórtices. O estiramento de vórtices não é possível em espaços bidimensionais. Além disso, a turbulência é considerada um processo aleatório no tempo. Por conseguinte, não é possível uma abordagem determinística. Outra caraterística importante do escoamento turbulento é o facto de a estrutura de vórtices se mover ao longo do escoamento. O seu tempo de vida é geralmente muito longo. Por conseguinte, certas quantidades turbulentas não podem ser especificadas como locais.

3.8.2 Classificação dos modelos turbulentos

Os caudais turbulentos podem ser calculados utilizando várias abordagens diferentes. Quer resolvendo a equação de Navier-Stokes com média de Reynolds com modelos adequados para quantidades turbulentas, quer calculando-as diretamente,

As principais abordagens são apresentadas na figura seguinte

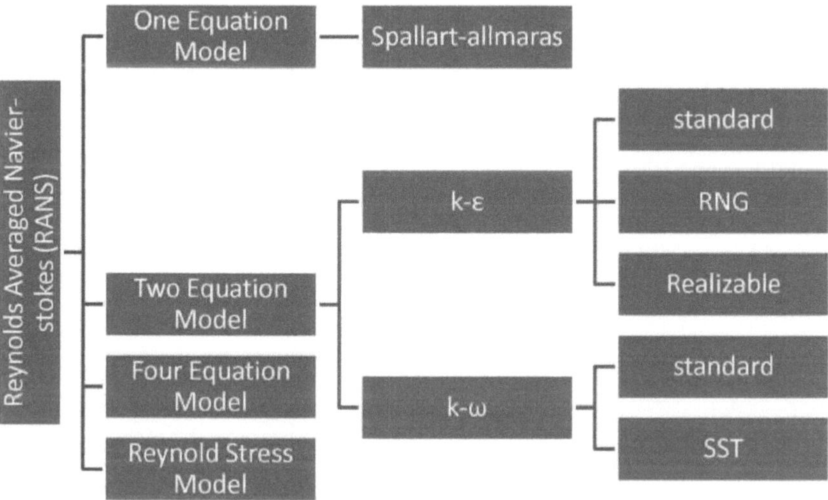

Fig. 3.5 Vários modelos de turbulência

3.8.3 Modelo *K-ε padrão*

O modelo *k-e* padrão é um modelo semi-empírico baseado em equações de transporte modelo para a energia cinética da turbulência (k) e a sua taxa de dissipação (e). A equação de transporte do modelo para k é derivada da equação exata, enquanto a equação de transporte do modelo para e foi obtida utilizando raciocínio físico e tem pouca semelhança com a sua contraparte matematicamente exacta.

Na derivação do modelo *k-e*, o pressuposto é que o escoamento é totalmente turbulento e os efeitos da viscosidade molecular são negligenciáveis. O modelo *k-e* padrão é, portanto, válido apenas para escoamentos totalmente turbulentos.

Equações de transporte para o modelo padrão k- e:

A energia cinética da turbulência, k, e a sua taxa de dissipação, e, são obtidas a partir das seguintes equações de transporte:

$$— \quad — \quad\quad — \quad —— \qquad\qquad\qquad\qquad\qquad ....3.6$$

and

$$— \quad — \quad\quad — \quad —— \quad - \qquad\qquad\qquad — \quad .....3.7$$

Nestas equações, G_k representa a geração de energia cinética da turbulência devido aos gradientes de velocidade média, G_b é a geração de energia cinética da turbulência devido à flutuabilidade, Y representa a contribuição da dilatação flutuante na turbulência compressível para a taxa de dissipação global, C_{le} , C_{2e} , e C_{3e} são constantes. σ_k e σ_e são os números de Prandtl turbulentos para k e e, respetivamente. S_k e S_e são termos de fonte definidos pelo utilizador.

Modelação da viscosidade turbulenta

A viscosidade turbulenta (ou de turbilhão), , é calculada combinando *k* e e do seguinte modo

$$— \qquad\qquad\qquad\qquad ....3.8$$

Onde está uma constante.

Constantes do modelo

As constantes do modelo C_{le} , C_{2e} , C , $\sigma_{\mu k}$, e σ_e têm os seguintes valores por defeito $C_{le} = 1,44$, $C_{2e} = 1,92$, $C_\mu = 0,09$, $\sigma_k = 1,0$, $\sigma_e = 1,3$. Estes valores por defeito foram determinados a partir de experiências com ar e água para escoamentos turbulentos fundamentais, incluindo escoamentos de cisalhamento homogéneos e turbulência isotrópica decrescente em grelha. Verificou-se que funcionam razoavelmente bem para uma vasta gama de escoamentos de cisalhamento livre e limitado por paredes.

A seleção do modelo de turbulência para um determinado problema afecta grandemente o resultado da simulação. Assim, algumas das orientações relativas à seleção do modelo de turbulência para um determinado problema são apresentadas na tabela 3.1.

Quadro 3.1 Seleção do modelo de turbulência

Modelo	*Comportamento e utilização*
Spalart-Allmaras	Económico para malhas de grandes dimensões. Tem um desempenho fraco para escoamentos 3D e escoamentos com forte separação. Adequado para escoamentos 2D externos/internos e escoamentos de camada limite.
Padrão k-ε	Amplamente utilizado apesar das limitações conhecidas do modelo. Tem um desempenho deficiente em escoamentos complexos que envolvem gradientes de pressão e separações graves.
Realizável k-ε	Adequado para escoamentos de cisalhamento complexos que envolvam deformação rápida, turbulência moderada, escoamento localmente transitório (por exemplo, separação da camada limite, derramamento de vórtice atrás de corpos de bluff, ventilação de salas).
Padrão k-ω	Desempenho superior para escoamentos com camada limite limitada pela parede e baixo número de Reynolds. Adequado para escoamentos complexos em camada limite sob gradiente de pressão adverso e separação (aerodinâmica externa e máquinas turbo)
SST k-ω	Oferece as mesmas vantagens que o k-ω padrão, mas as dependências da distância da parede tornam-no menos adequado para o escoamento de cisalhamento livre.
RSM	Adequado para escoamentos 3D complexos com forte curvatura da linha de fluxo, forte turbilhão/rotação (por exemplo, condutas curvas, combustores de turbilhão, ciclones)

CAPÍTULO 4

Validação da metodologia CFD

4.1 Validação da metodologia de software para o caudal de água monofásico

FLUXO LAMINAR

Antes de iniciar a simulação da lama desejada (lama de sílica), começa-se por validar o software CFD, o que é feito comparando um caso simples de escoamento de água numa conduta reta. Neste caso, é concebida uma conduta reta simples utilizando o AnsysDM, com 40 mm de diâmetro e 5 m de comprimento. Em seguida, a malha é feita utilizando o Ansys ICEM Meshing, uma malha mais fina é feita perto da área de fronteira e uma malha um pouco menos densa é mantida na parte central do tubo,

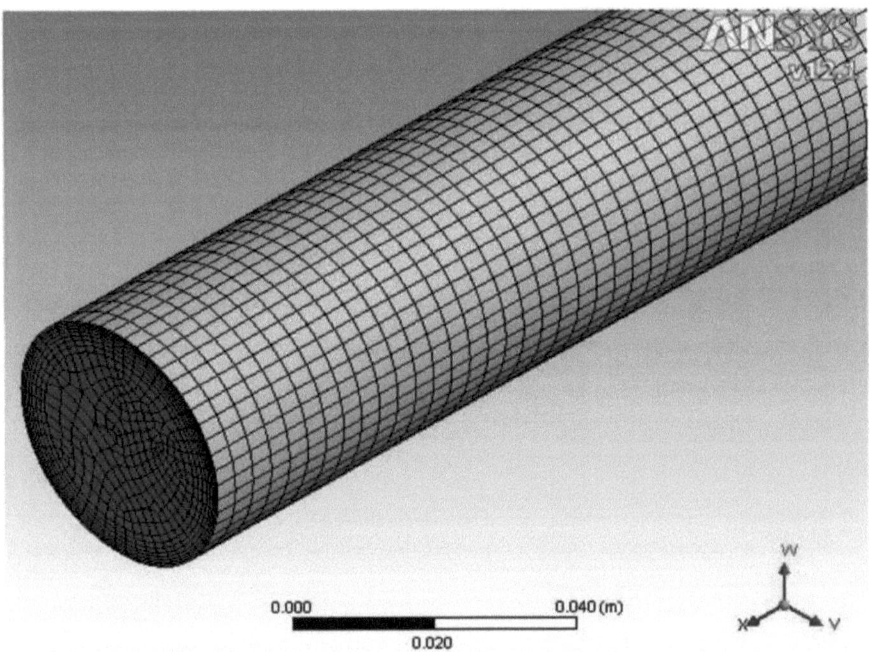

Fig 4.1 Malha de uma conduta reta

Para o fluxo laminar, o número de Reynolds é mantido abaixo de 2000 e a diferença de pressão é tida em consideração. O fluxo laminar que ocorre na tubagem é validado com a fórmula analítica da perda de carga.

Fórmula analítica:

Fator de atrito, - 4.1

Queda de pressão entre dois pontos,

4.2

Os resultados são validados com resultados analíticos para o escoamento de água através de condutas para diferentes casos de escoamento laminar e turbulento,

Tabela 4.1. Dados de fluxo laminar para queda de pressão analítica e simulada (Pa/m)

Sl. Não.	Reynolds não. ($_{Re}$)	Velocidade do fluxo (m/s)	Queda de pressão analítica (Pa/m)	Queda de pressão simulada (Pa/m)	Erro (%)
1	500	0.01255	0.252	0.25	.793
2	800	0.02008	0.4032	0.40	.793
3	1200	0.03012	0.6030	0.625	3.5
4	1500	0.03765	0.7441	0.775	4.1
5	1800	0.04518	0.9057	0.925	2.1
6	2000	0.05020	1.008	1.05	4.8

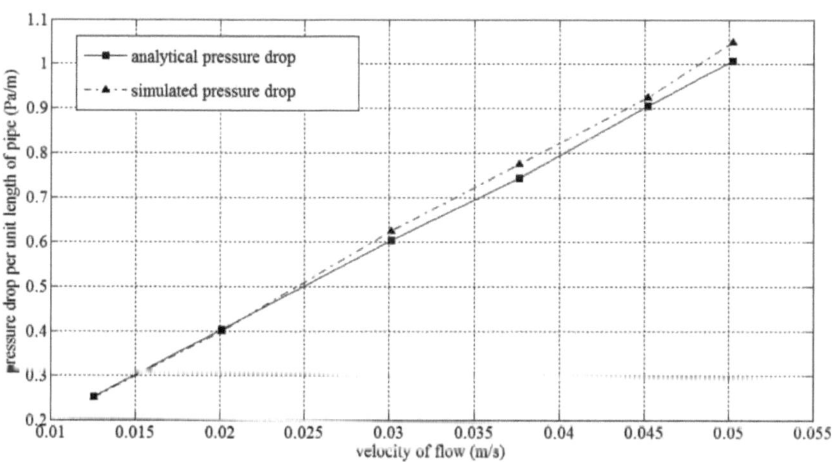

Fig4.2. Queda de pressão (pa/m) Vs Velocidade do fluxo (m/s) para validação do fluxo laminar

FLUXO TURBULENTO

Para o caso turbulento, a validação foi efectuada com trabalho experimental. O trabalho experimental foi efectuado por Srinibas et al. no Laboratório de Transferência de Calor, departamento de engenharia mecânica, NIT RAIPUR. A experiência é feita com o fluxo de água num circuito piloto e a queda de pressão que ocorre a uma distância de 4 m é anotada. Os resultados são observados e comparados com o trabalho de simulação nas mesmas condições de funcionamento.

Tabela 4.2. Dados de caudal turbulento para a perda de carga analítica e simulada (kPa/m)

Sl. Não.	Velocidade do fluxo (m/s)	queda de pressão experimental (kPa/m)	Queda de pressão simulada (kPa/m)	Erro (%)
1	2.102	1.427	1.307	8.40
2	2.227	1.547	1.403	9.30
3	2.684	2.0238	1.972	2.52
4	3.087	2.543	2.423	4.71

Em seguida, é apresentado um gráfico de comparação para comparar o grau de correspondência entre os resultados experimentais e os resultados da simulação.

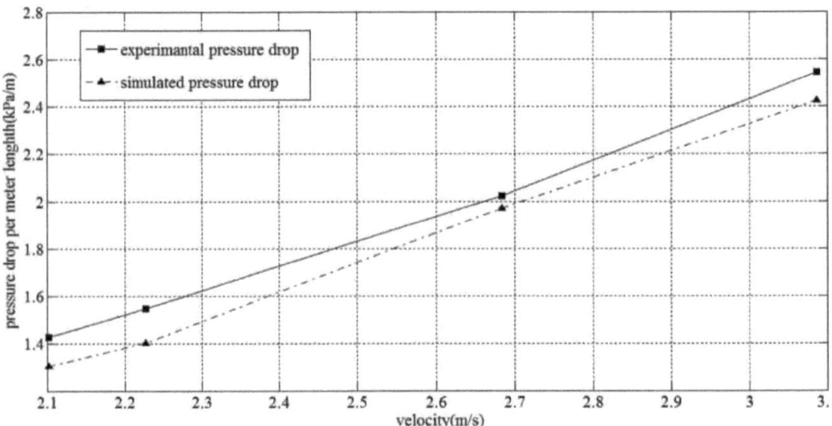

Fig.4.3. Queda de pressão (pa/m) Vs Velocidade para validação do fluxo turbulento

4.2 Validação do caudal de lamas Caudal de lamas multifásicas

Agora, para o chorume multifásico, é utilizado um trabalho de investigação de kaushal et al[23] . (CFD modeling for pipeline flow of fine particles at high concentration). A geometria do tubo foi modelada utilizando o AnsysDM v12.1 por defeito. A tubagem tinha 3 m de comprimento e 54,9 mm de diâmetro em linha reta. O comprimento da tubagem foi suficiente para confirmar o escoamento totalmente desenvolvido. A queda de pressão foi calculada entre os últimos 0,2 m da saída para um caso de lama de esferas de vidro numa conduta e o resultado analítico é comparado com os resultados experimentais. A condição de velocidade de entrada foi utilizada para a entrada da parede com uma velocidade de escoamento de 3 a 5 m/s em diferentes concentrações (30, 40, 50%), da mesma forma que a condição de escoamento foi utilizada para a saída da parede. Para a parede não há condição de deslizamento e prevalece a condição de parede estacionária.

Foi utilizado um esquema de discretização upwind de segunda ordem para a equação do momento, enquanto que uma discretização upwind de primeira ordem foi utilizada para a fração de volume, energia cinética turbulenta e energia de dissipação turbulenta. Estes esquemas garantiram, em geral, uma precisão, estabilidade e convergência satisfatórias.

Trata-se de uma abordagem de estado estacionário formulada com base na velocidade absoluta e na pressão para o problema. Foi utilizado um esquema de equações lineares implícito, Euleriano multifásico, para resolver o sistema de equações escalares resultante, e foi utilizado o modelo de turbulência k-ε com tratamento padrão da função de parede perto da parede. A viscosidade granular e a viscosidade aparente foram mantidas como syamlal-obrien e lun-et-al, respetivamente.

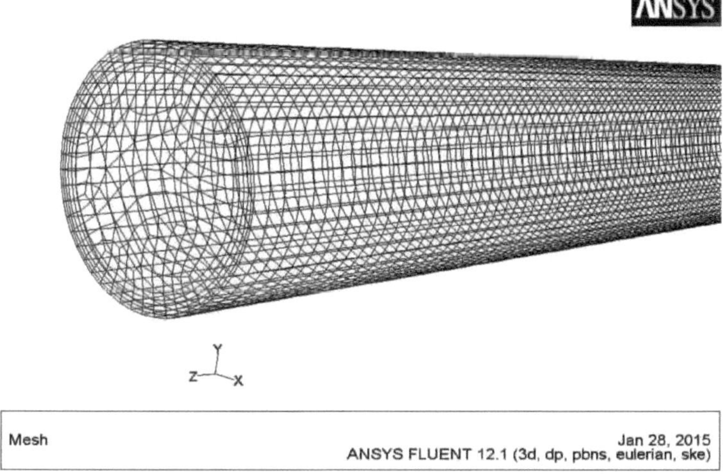

Fig4.2. Malha para o modelo de fluxo de lamas

Tabela 4.3. Comparação das perdas de carga experimentais e calculadas

Cvf (%)	V (m/s)	Experimental dP/L (kPa/m)	dP/L calculado (kPa/m)	% de erro
30	3	1.99	2.18	09.02

	4	3.43	3.28	01.98
	5	5.35	4.586	14.4
40	3	2.23	2.57	15.42
	4	3.79	4.26	12.55
	5	6.39	6.03	05.63
50	3	3.41	4.06	19.18
	4	4.78	5.89	23.41
	5	7.22	7.94	09.97

A queda de pressão experimental foi retirada de *Kaushal (2013)*. A partir da tabela acima, podemos observar que a queda de pressão conduzida experimentalmente coincide com a queda de pressão simulada por unidade de metro.

Tendo em conta este facto, podemos prosseguir a análise do tubo curvo no plano vertical. Na próxima parte, discutiremos o efeito da concentração de lama em diferentes parâmetros, como queda de pressão, forma da fração volumétrica, contornos de velocidade, etc. Considera-se um novo caso, o efeito da temperatura da lama no perfil de temperatura da lama em diferentes pontos da faixa do tubo.

CAPÍTULO 5

DISTRIBUIÇÕES DE FLUXO EM CURVAS DE TUBOS DE POLPA

5.1 Modelação e criação de malhas

O ANSYS Design Modeler (DM) é utilizado para construir a geometria do modelo. A geometria é constituída por um tubo com um diâmetro interno de 40 mm e um comprimento de 23,14 cm, conforme ilustrado nas figuras 5.1 e 5.2. A geometria do tubo é traçada num plano vertical, constituído principalmente por três partes: a parte de entrada, a curva do tubo e a parte de saída do tubo. A parte de entrada do tubo é feita na vertical com uma altura de 10 cm, a curva tem um raio de 0,04 m, o dobro do raio do tubo, e depois é feita uma parte horizontal de 10 cm.

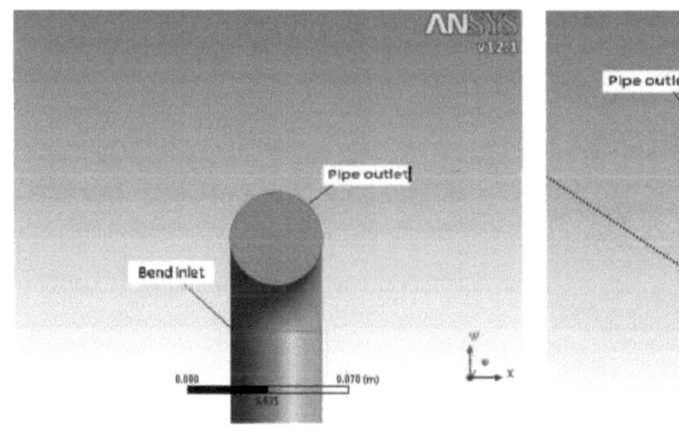

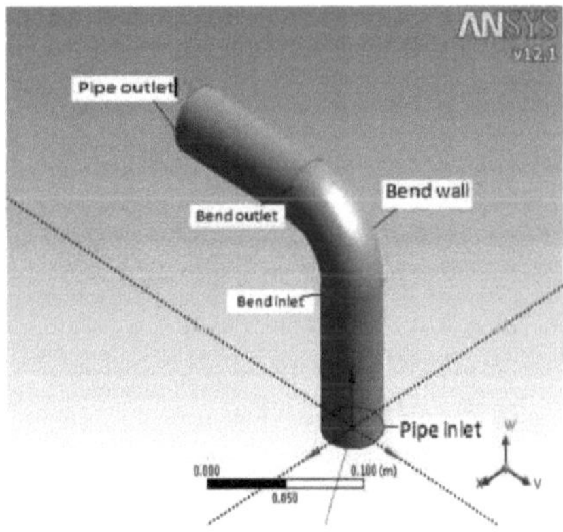

fig.5.1 (a). front view   *fig.5.1 (b). isometric view*

Fig.5.1. geometria do modelo

O domínio completo é discretizado ou malha ou grelha é gerada utilizando a ferramenta Ansys ICEM. São geradas seis geometrias diferentes com diferentes números de elementos (14896, 32782, 56580, 96459, 128520 e 186912) para tornar a solução independente da grelha. Inicialmente, o líquido de transporte (água) é utilizado para simular o escoamento do fluido do tubo com diferentes geometrias de malha e observa-se que, após 128320 elementos, a solução torna-se independente da malha. As quatro geometrias com diferentes elementos de malha são mostradas na fig. 5.2(a) a 5.2(f).

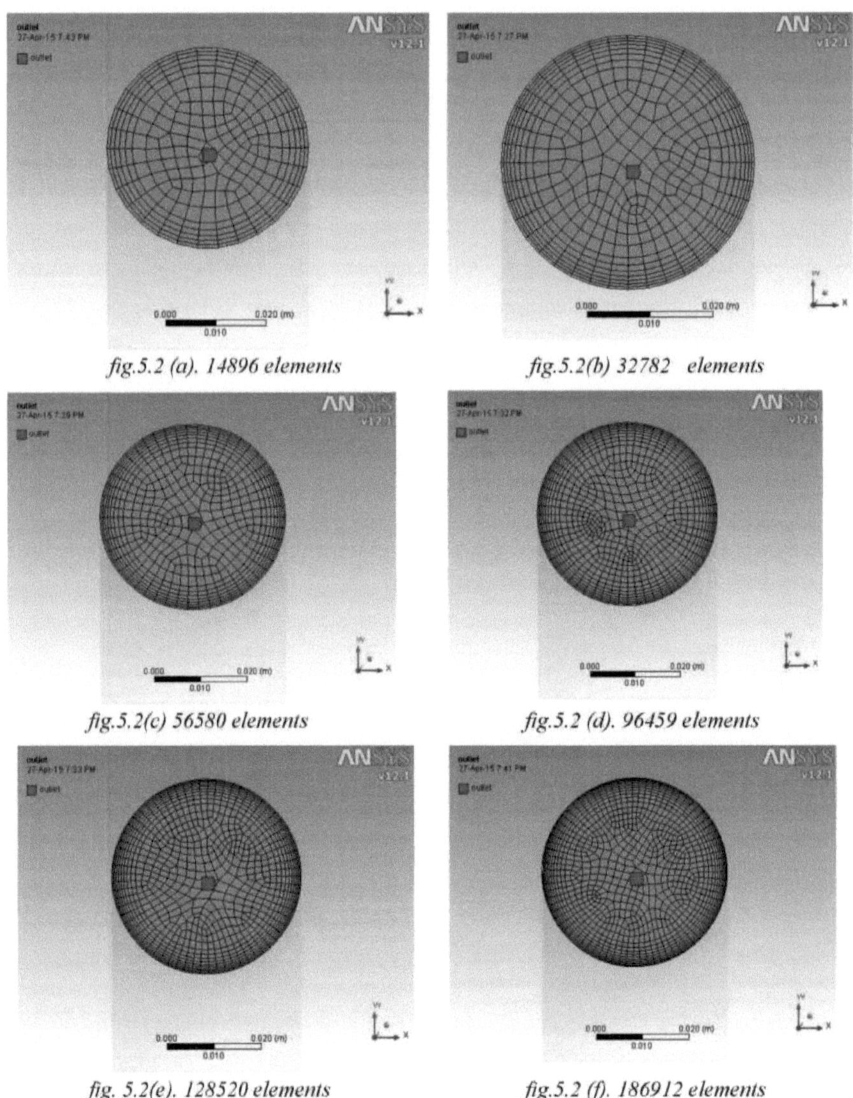

fig.5.2 (a). 14896 elements

fig.5.2(b) 32782   elements

fig.5.2(c) 56580 elements

fig.5.2 (d). 96459 elements

fig. 5.2(e). 128520 elements

fig.5.2 (f). 186912 elements

Fig. 5.2. Malha não estruturada independente da grelha

Tabela.5.1. Independência da grelha do resultado da simulação

N.º de elementos	Camada de inflação	Dimensionamento da borda	Velocidade à saída (m/s)	Variação do resultado com o número de

38

				elementos
14896	5	30	2.004	Sim
32782	7	40	1.812	Sim
56580	8	50	1.765	Sim
96459	9	60	1.710	Sim
128520	10	70	1.709	Sim
186912	11	80	1.693	Não

A malha é gerada sem diferentes números de dimensionamento de arestas e inflação, mas como sabemos que as propriedades são largamente afectadas perto da parede, são adicionadas camadas de inflação que dão uma malha mais fina perto da parede do tubo para captar a camada limite e a variação nas propriedades.

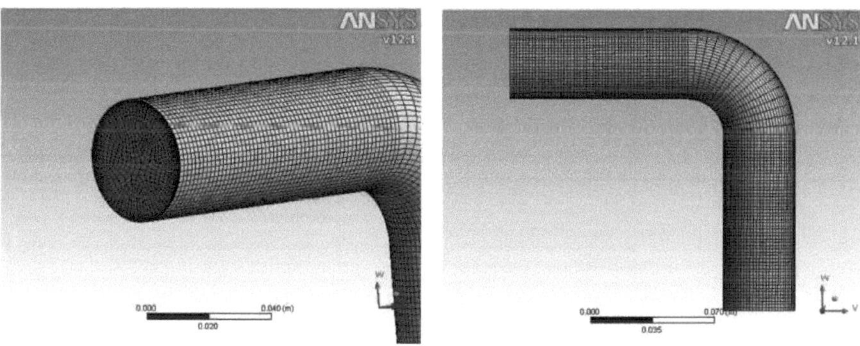

Fig. 5.3(a). Isometric view of mesh   Fig. 5.3(b). front view of mesh

Fig. 5.3. Vista em malha do modelo (não estruturado)

5.2 Condição de fronteira e estratégia de solução

Tabela 5.2. Parâmetros de entrada

Categoria	Descrição	Entrada
Modelo	Modelo multifásico	> Modelo Euleriano > Nº de fases : 2
	Modelo Viscoso	> turbulência k-ε, padrão

		> funções de parede standard
		> propriedades dispersas
Propriedades de fase e interação	Fase 1 (primária)	Água
	Fase2(Secundário)	Areia de sílica
	Diâmetro das partículas	110 mícrones, 210 mícrones e 400 mícrones
	Viscosidade granular	Syamlal-obrien
	Viscosidade granular a granel	Lun-et-al
	Interação de fases	Syamlal-obrien
Estado de funcionamento	Pressão de funcionamento	101325 pa
	Aceleração gravitacional	$9,81 m/s^2$ na direção y negativa
Condição de fronteira	Entrada	Velocidade de entrada normal à fronteira a uma fração de volume constante
	Saída	Escoamento com ponderação de caudal constante
	parede	Antiderrapante na parede
Controlo da solução	Acoplamento de pressão e velocidade	PC-SIMPLE
	Momento	Vento ascendente de segunda ordem
	Fração de volume	Vento ascendente de primeira ordem
	Energia cinética turbulenta	Vento ascendente de primeira ordem
	Taxa de dissipação turbulenta	Vento ascendente de primeira ordem

A simulação do escoamento de lamas bifásicas através de uma conduta é efectuada utilizando o modelo multifásico Euleriano-Euleriano juntamente com o modelo turbulento k-ε normalizado com tratamento de parede normalizado com propriedades multifásicas dispersas. O fluido de transporte (fase primária) utilizado é a água e o material disperso utilizado é a areia de sílica (gravidade sp. 2,65) e são considerados três tamanhos diferentes de partículas (110μm, 210μm e 400μm). As condições de fronteira para entrada e saída são dadas como velocidade de entrada e saída com pressão manométrica 0 na saída e a condição de não deslizamento é definida na parede. A velocidade utilizada na simulação varia de 2 a 5 m/s (2, 3, 4, 5m/s) e a concentração de sólidos varia de 5 a 20 % em peso (5, 10, 15, 20). O algoritmo PC-SIMPLE é utilizado para o acoplamento pressão-velocidade; o esquema de segunda ordem upwind para discretizar o momento e o esquema de primeira ordem upwind é utilizado para discretizar a fração de volume, a energia cinética turbulenta e as equações da taxa de dissipação turbulenta. Os critérios de convergência para as equações da continuidade, do momento, da energia cinética turbulenta (k) e da taxa de dissipação turbulenta (ε) são considerados como $10^{-}3$.

5.3 Resultados e discussão

5.3.1. Queda de pressão

Observa-se que a queda de pressão aumenta com o aumento da velocidade, bem como com a concentração das partículas sólidas na lama. A baixas velocidades, a queda de pressão aumenta lentamente, mas aumenta drasticamente a altas velocidades e, por conseguinte, a potência necessária para transportar o chorume. Observa-se que, para as partículas finas a maior velocidade, a queda de pressão é grande em comparação com a baixa velocidade, o que se deve ao aumento do atrito à medida que a área da superfície aumenta.

As figuras 5.4(a), 5.4(b) e 5.4(c) mostram a perda de carga e a potência necessária a várias concentrações e velocidades para a lama de sílica e a perda de carga correspondente é apresentada no quadro

Tabela 5.1. Partícula de 110 microns à temperatura de 320k

N.º de Sl.	Concentração de partículas sólidas (V_f) (%)	Velocidade do fluxo de lama (V) (m/s)	Queda de pressão simulada (pa)
1	5	2	323.9
		3	608.47
		4	982.30
		5	1436.12
2	10	2	427.3
		3	804.69
		4	1315.03
		5	1943.34

3	15	2	528.91
		3	1004.71
		4	1651.75
		5	2453.33
4	20	2	632.09
		3	1205.64
		4	1992.32
		5	2959.29

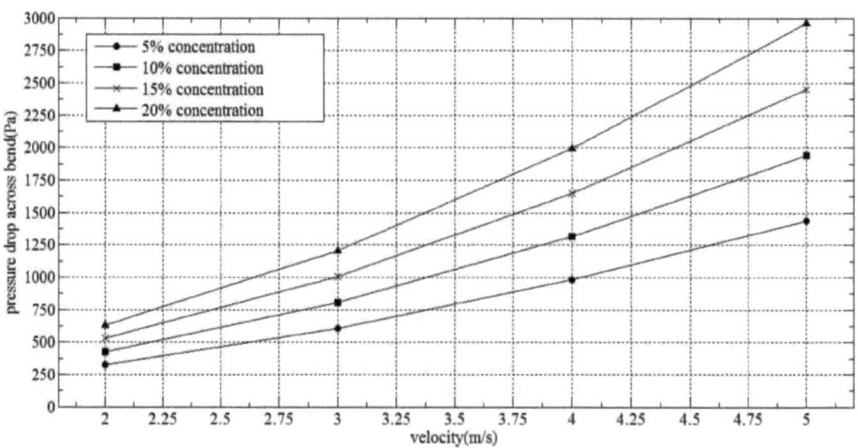

Fig.5.4 (a) Comparação da queda de pressão para a lama de sílica de 110 microns

Tabela 5.2. Partícula de 210 microns à temperatura de 320k

N.º de Sl.	Concentração de partículas sólidas (V_f) (%)	Velocidade do fluxo de lama (V) (m/s)	Queda de pressão simulada (pa)
1	5	2	240.8
		3	457.17
		4	1028.10
		5	1520.66

2	10	2	423.21
		3	819.97
		4	1350.38
		5	2025.94
3	15	2	518.45
		3	997.03
		4	1649.89
		5	2503.15
4	20	2	615.70
		3	1174.57
		4	1965.57
		5	2985.57

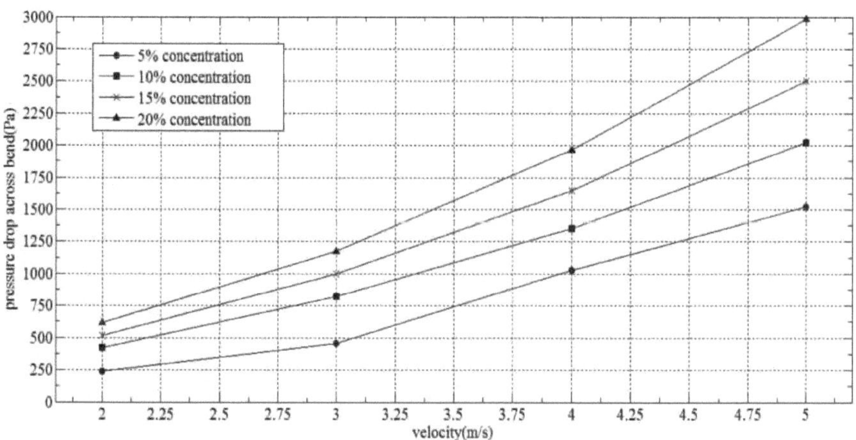

Fig.5.4 (b) Comparação da queda de pressão para a lama de sílica de 210 mícrones

Tabela 5.3. Partícula de 400 microns à temperatura de 320k

N.º de Sl.	Concentração de partículas sólidas (V_f) (%)	Velocidade do fluxo de lama (V) (m/s)	Queda de pressão simulada (Pa)

1	5	2	327.78
		3	653.10
		4	1105.52
		5	1694.92
2	10	2	425.96
		3	858.75
		4	1487.62
		5	2328.81
3	15	2	526.90
		3	1072.68
		4	1880.64
		5	2962.05
4	20	2	636.02
		3	1276.12
		4	2242.52
		5	3496.82

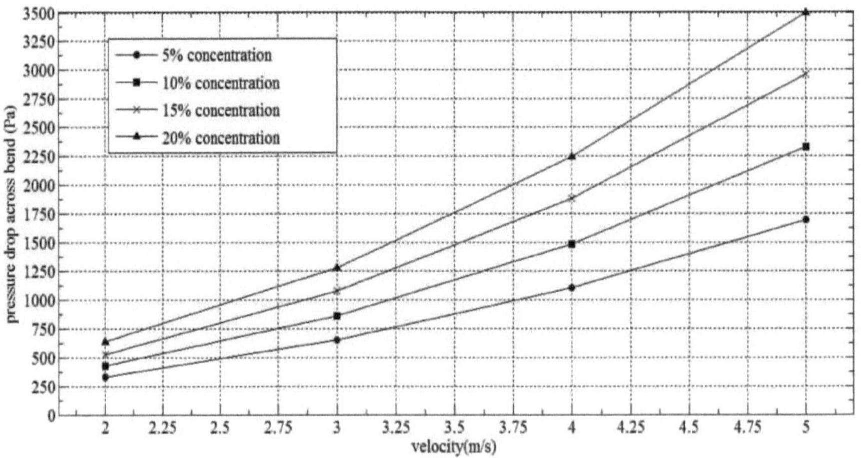

Fig.5.4(c) Comparação da queda de pressão para a lama de sílica de 400 mícrones

44

5.3.2. Perfil de concentração da lama de sílica

O perfil de concentração previsto pelo CFD da lama de sílica na saída da curva do tubo a várias velocidades e concentrações para um determinado tamanho de lama é mostrado na *fig. 5.5 (a) a fig. 5.5 (d)*.

O efeito da gravidade aparece no caso da curva vertical do tubo, à medida que a concentração aumenta a uma determinada velocidade, as partículas são transportadas ao longo da parede exterior devido à força centrífuga que actua sobre as partículas e que se torna maior do que a força hidrodinâmica.

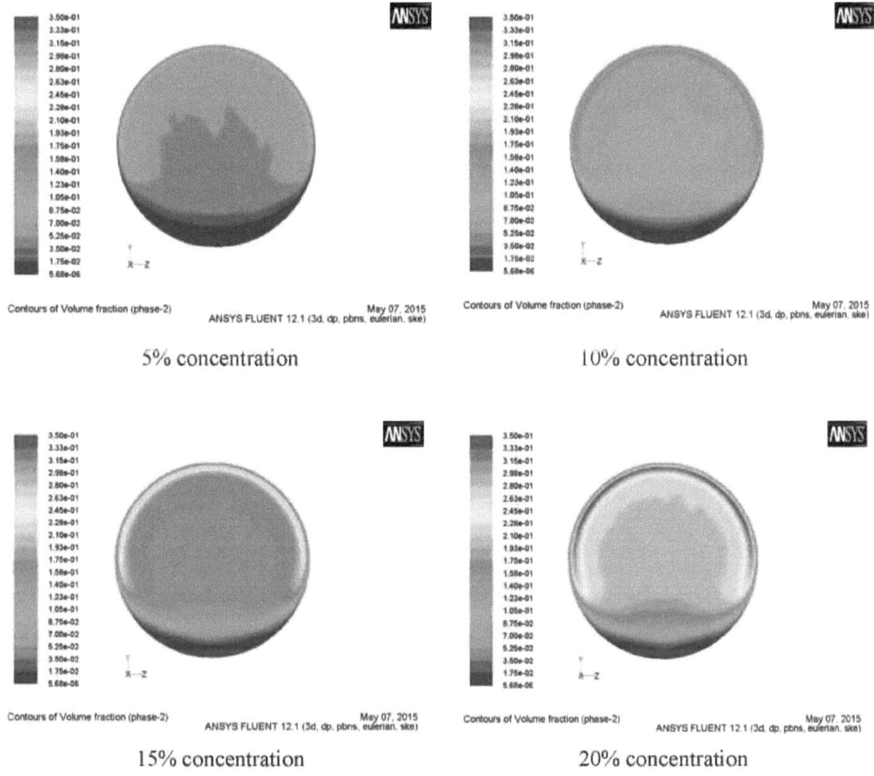

Fig 5.5 (a) Contornos da fracção volumétrica de 110µm de lama na saída da curva a 2 m/s para diferentes concentrações

para uma lama de 110 mícrones a uma velocidade mais elevada, obtém-se um resultado semelhante. Aqui, as partículas da lama estão mais distribuídas na água, pelo que se encontra uma zona de concentração uniforme na parte superior da parede. Devido à força centrífuga, a lama tende a deslocar-se para o exterior, o que resulta numa zona de concentração elevada junto à parede

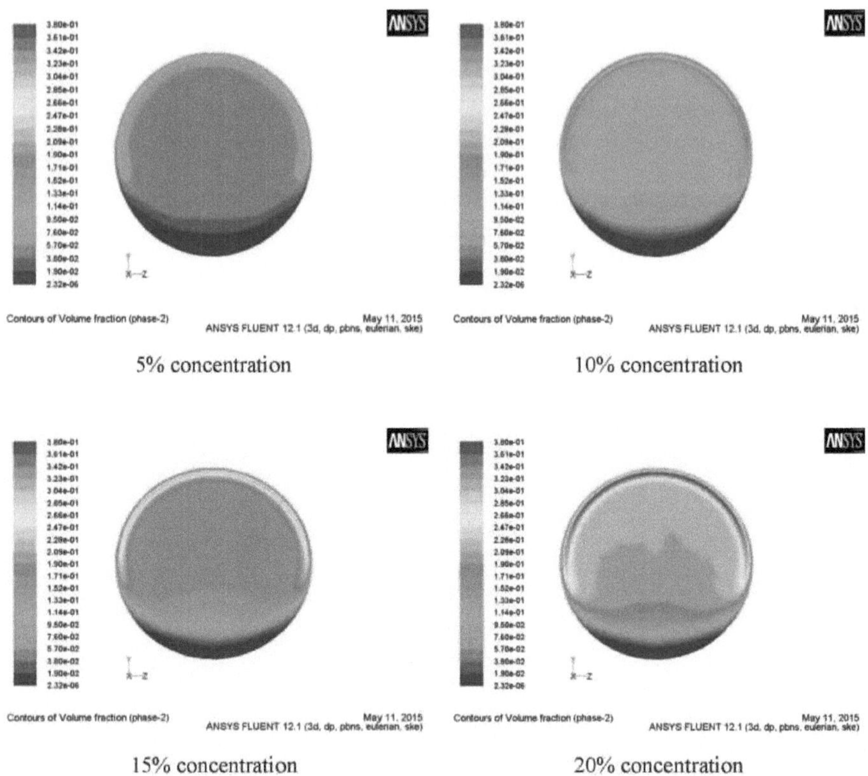

5% concentration

10% concentration

15% concentration

20% concentration

Fig 5.5 (b) contornos da fração volumétrica de 110μm de lama na saída da curva a 3 m/s para diferentes concentrações

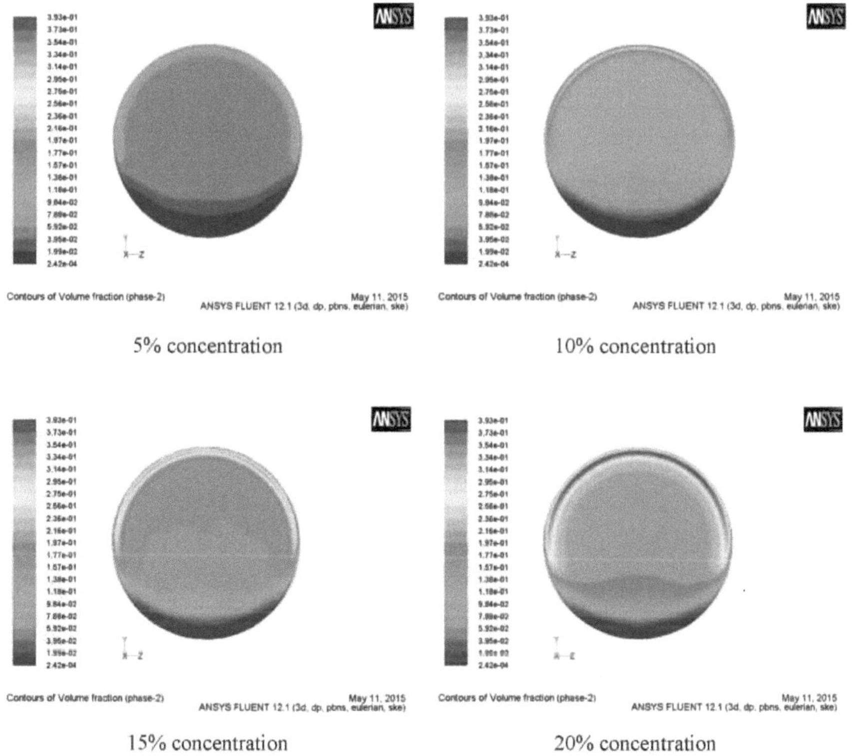

5% concentration

10% concentration

15% concentration

20% concentration

Fig 5.5 (c) contornos da fração volumétrica de 110µm de lama na saída da curva a 4 m/s para diferentes concentrações

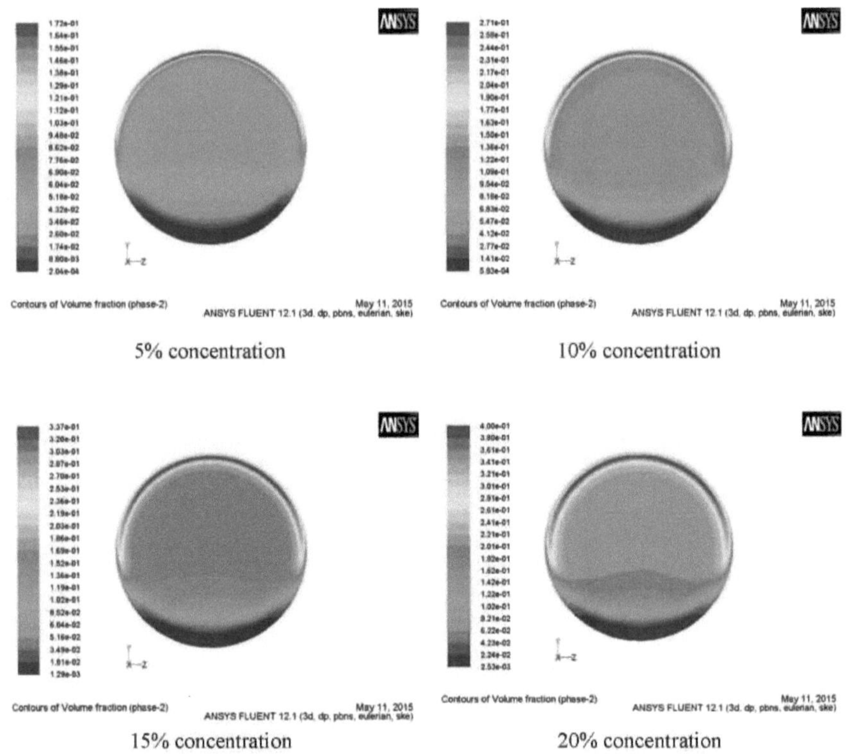

Fig 5.5 (d) contornos da fração volumétrica de 110µm de lama na saída da curva a 5 m/s para diferentes concentrações

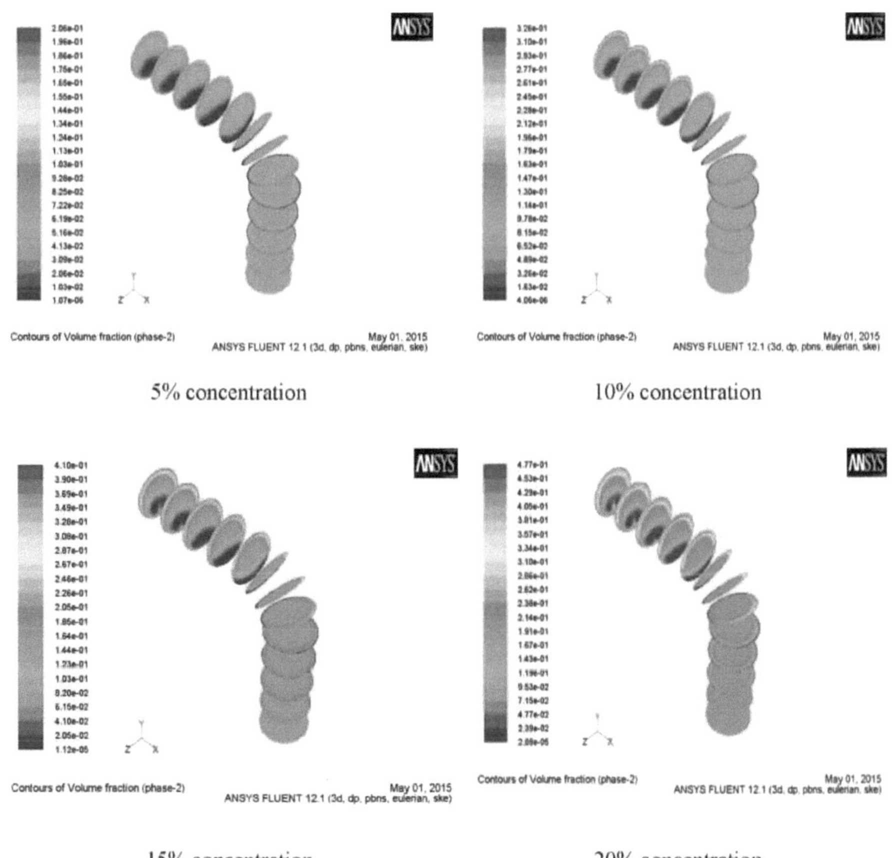

5% concentration   10% concentration

15% concentration   20% concentration

Fig. 5.5 (e) Contornos da fração volumétrica em vista isométrica da pasta de 210μm à saída da curva a 4 m/s para diferentes concentrações

5.3.3. Perfil de velocidade da lama de sílica

O perfil de velocidade é subitamente transformado à medida que o escoamento se aproxima da curva, com o pico da velocidade do fluxo a deslocar-se para o raio interior da curva em resultado do gradiente de pressão favorável, e com o escoamento próximo do raio exterior a desacelerar devido ao gradiente de pressão desfavorável.

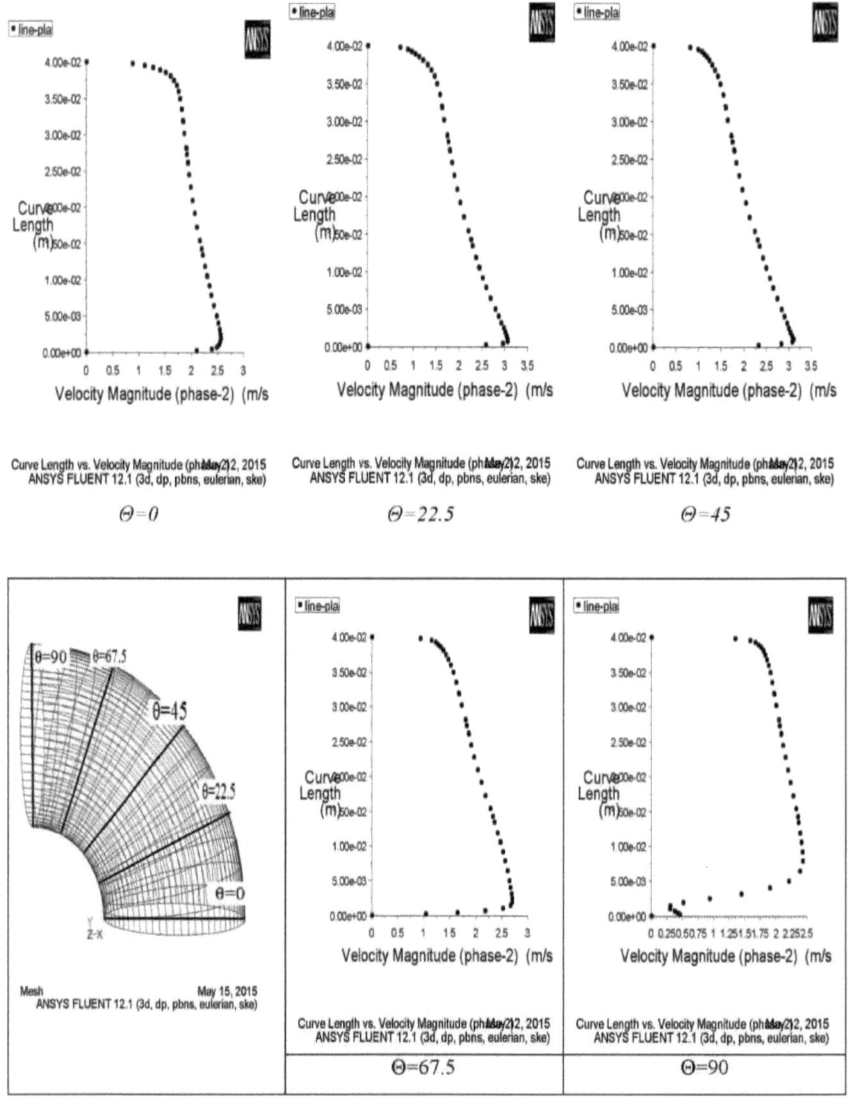

Fig. 5.6. Perfis de velocidade em diferentes ângulos de curvatura a 5%conc. 110µm de lama

5.3.4. Efeito na tensão de corte da parede

À medida que a lama passa através da curva de *90°*, devido à ação da força centrífuga, as partículas de lama tendem a ir para fora, o que faz com que atinjam a superfície da parede, o que resulta em tensão de cisalhamento. Uma maior tensão de cisalhamento da parede resulta num maior desgaste do tubo perto da saída da curva. medida que a velocidade da lama aumenta, a força das partículas de

50

lama aumenta, o que, por sua vez, aumenta a tensão de cisalhamento da parede, como mostra a fig. 5.7.

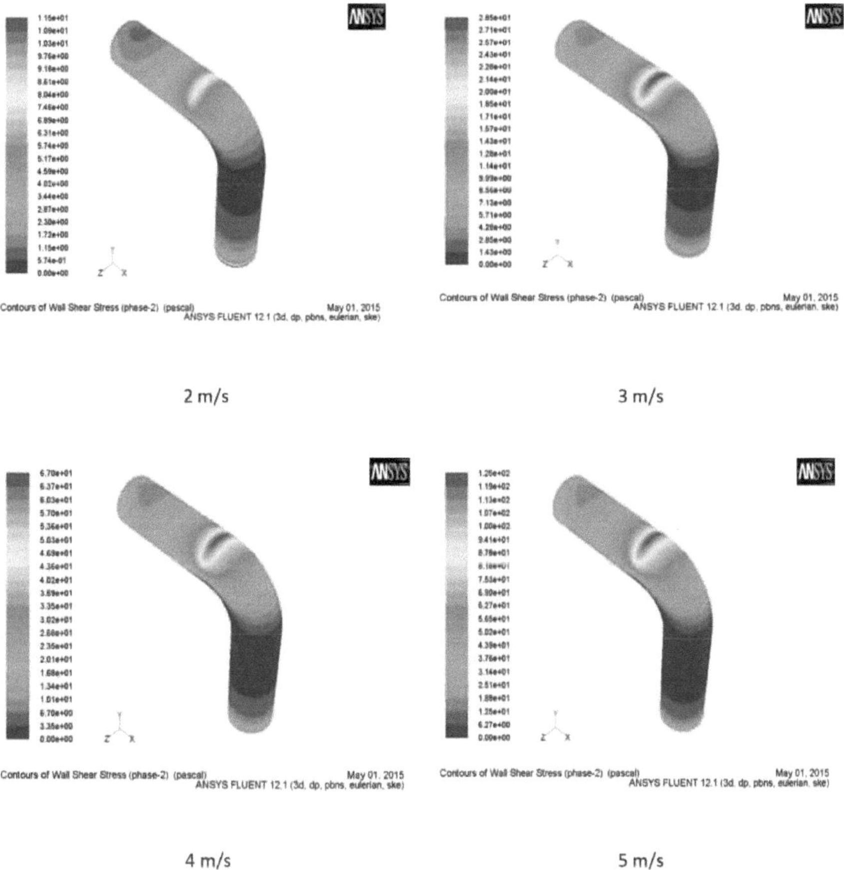

Fig 5.7. Vista isométrica da tensão de cisalhamento das paredes do tubo para uma lama de 110μm a 5% conc.

5.3.5. Efeito da temperatura

Não há muito efeito devido à temperatura da lama no perfil de pressão e fração de volume. A uma determinada temperatura, quando a concentração aumenta, o perfil de temperatura varia muito menos após a parte da curva, mantendo a temperatura máxima constante em todas as outras partes do tubo.

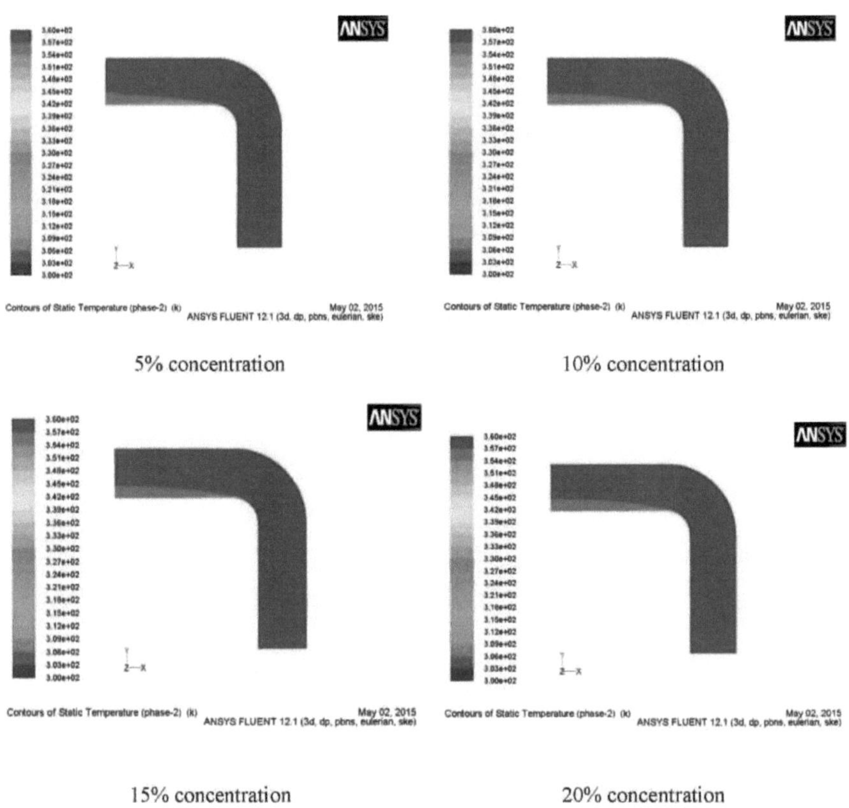

5% concentration   10% concentration

15% concentration   20% concentration

Fig. 5.8(a). Contorno da temperatura no plano vertical para diferentes concentrações de lama de 110 microns para 360K, 4 m/s

Ao alterar a temperatura a uma determinada concentração e velocidade, não há efeito considerável no perfil de temperatura da pasta

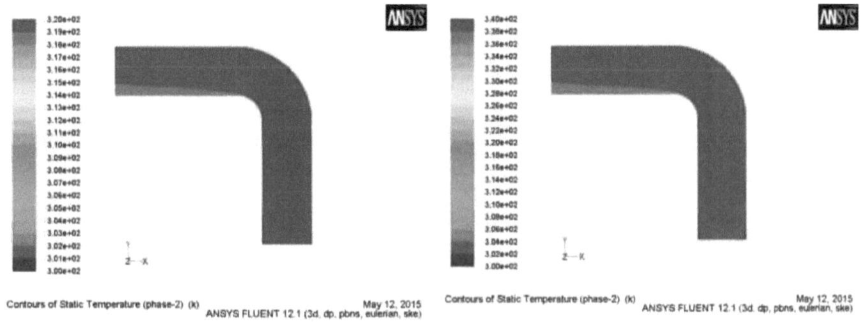

silica320k.05per.2mps 110micron   silica340k.05per.2mps 110micron

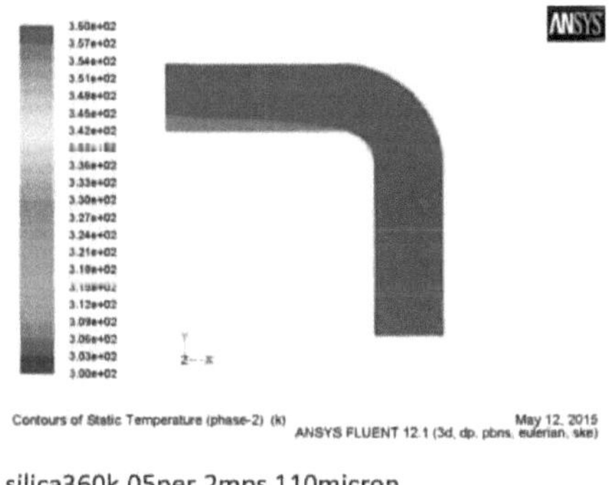

silica360k.05per.2mps 110micron

Fig 5.8(b). Contorno da temperatura no plano vertical para diferentes temperaturas de 5% de lama concentrada de 110μm que flui a 2 m/s.

5.3.6. Efeito do tamanho das partículas na queda de pressão

Vimos o efeito da concentração na queda de pressão, considerando agora o caso de diferentes tamanhos de partículas de lama (110μm, 210μm e 400μm), podemos ver que a queda de pressão na curva aumenta relativamente à medida que a velocidade aumenta proporcionalmente ao tamanho da partícula.

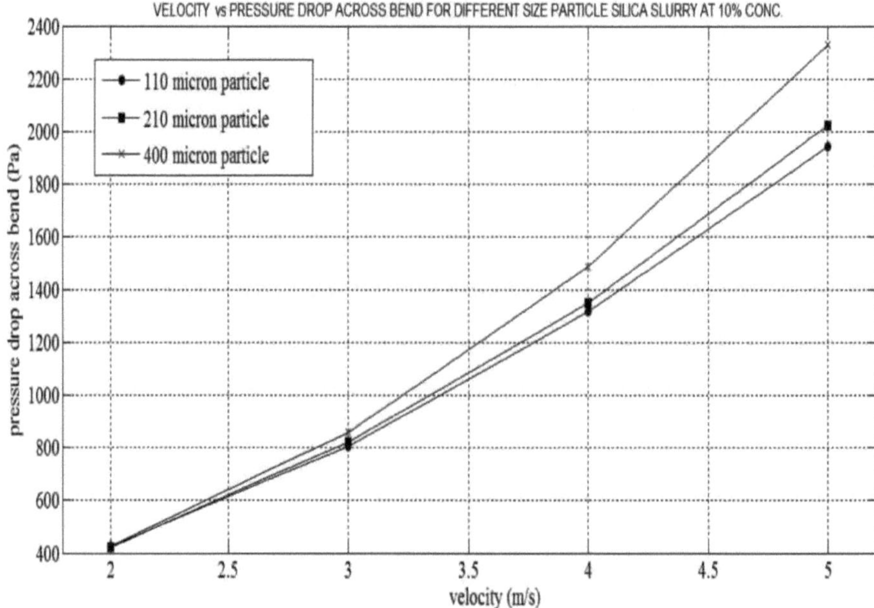

Fig. 5.9. Queda de pressão vs. velocidade para diferentes tamanhos de partículas de lama

5.3.7. Efeito do tamanho das partículas na *fração de volume*

À medida que o tamanho das partículas aumenta, a maior parte das partículas sólidas presentes na lama torna-se mais pesada, o que, por sua vez, dá mais força centrífuga, em resultado da qual a maior parte das partículas vai para o lado exterior da curva do tubo.

À medida que o tamanho das partículas aumenta, a fração volumétrica de partículas sólidas vai diminuindo na parte inferior do tubo.

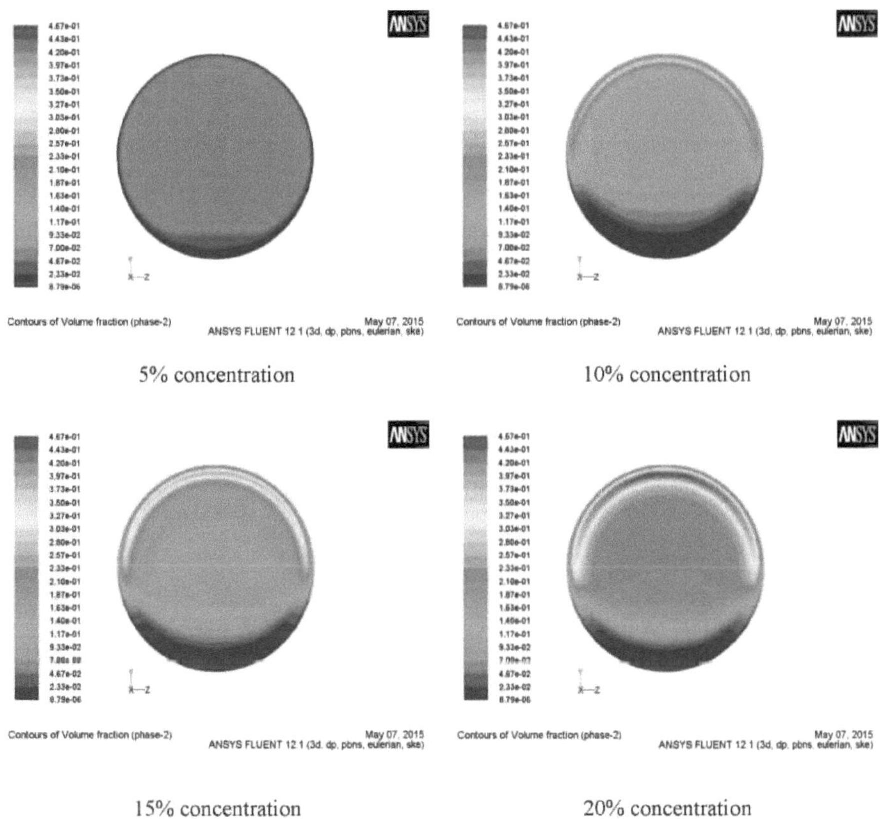

Fig 5.10 (a) Contornos da fração volumétrica da pasta de 210μm na saída da curva a 3 m/s

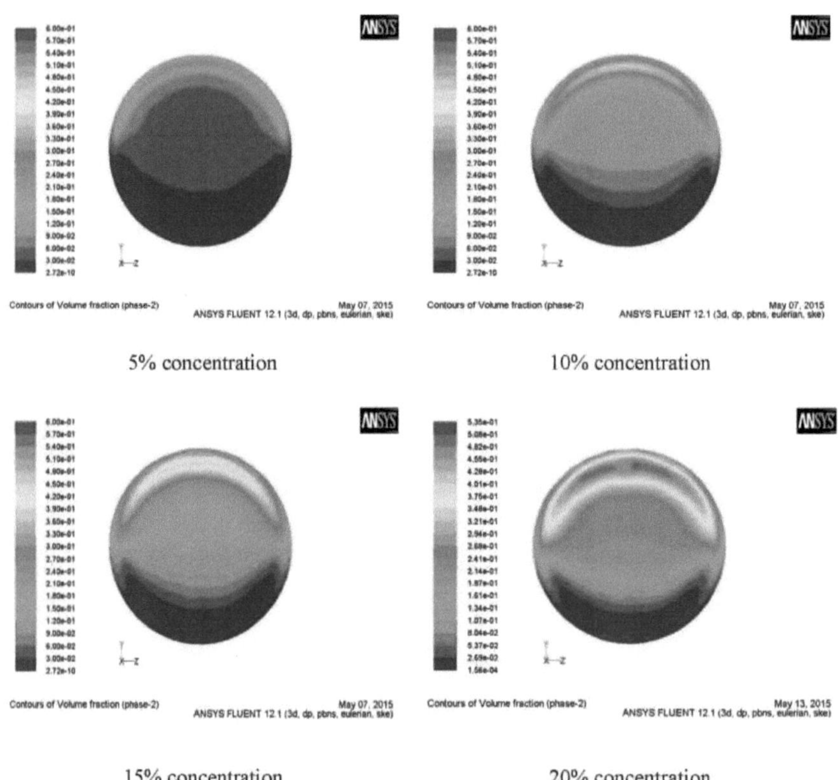

Fig 5.10. (b) Contornos da fração volumétrica de 400μm de lama na saída da curva a 4 m/s

Estuda-se a queda de pressão, a distribuição da concentração, a tensão de cisalhamento na parede e o efeito da temperatura. A queda de pressão aumenta com a concentração e com a velocidade. A tensão de cisalhamento da parede tem mais efeito na parede exterior da saída da curva, o que resulta num maior desgaste do tubo. A temperatura não tem muito efeito sobre a queda de pressão e a distribuição do caudal.

CAPÍTULO 6

CONCLUSÕES E ÂMBITO FUTURO

6.1 Conclusões

A capacidade do CFD, neste estudo, é explorada para modelar o escoamento complexo de lamas sólido-líquido em condutas. O software comercial de CFD (FLUENT) foi considerado capaz de modelar com êxito as interações sólido-líquido no escoamento de lamas. Com base no presente estudo, foram tiradas as seguintes conclusões.

1)   A queda de pressão a qualquer velocidade específica aumenta com o aumento da concentração de lama. A taxa de aumento da pressão é pequena a velocidades mais baixas, mas aumenta drasticamente a velocidades mais elevadas.

2)   No caso da lama de partículas finas, a queda de pressão aumenta lentamente a baixas velocidades, mas aumenta drasticamente a velocidades mais elevadas, o que se deve ao aumento da área de superfície, que resulta num aumento do atrito.

3)   Observou-se que, a velocidades mais elevadas, a zona de maior concentração está situada na parte exterior da tubagem após a curva do tubo.

4)   Foi observada uma mudança distinta na forma dos perfis de concentração, indicando a força centrífuga que actua sobre ele.

5)   A tensão de cisalhamento da parede aumenta em função da velocidade, o que resulta numa maior zona de tensão de cisalhamento após a parte da curva, que pode ser utilizada para ajudar na conceção,

6)   A temperatura não tem efeito na queda de pressão e na fração volumétrica da lama.

7)   A variação de velocidade ao longo da parte da curva é bastante significativa, indicando uma zona de velocidade mais elevada junto à parede interior.

6.2 Âmbito futuro

O presente trabalho de investigação tem como objetivo a previsão da queda de pressão, do perfil de velocidade e do perfil de concentração do fluxo de lamas numa conduta de 90°. Mas como sabemos que o sistema de transporte de lamas também encontra diferentes curvas de tubagem (40°, 60°, 75°), secção convergente, secção divergente, etc., este trabalho pode ser aumentado através da simulação numérica destas curvas e secções.

REFERÊNCIAS

[1] P.L. Spedding, E. Benard. "Gas-liquid two phase flow through a vertical 90 elbow bend", Experimental Thermal and Fluid Science 31 (2007) 761-769

[2] Masayuki Toda, Norio Komori, Shozaburo Saito , Siro Maeda "Hydraulic Conveying Of Solids Through Pipe Bends" Departamento de Engenharia Química, Universidade de Tohoku, Sendai

[3] J. Wydrych, G. Borsuk, B. Dobrowolski, "Uma análise numérica do fluxo através do cotovelo no sistema de carvão pulverizado da caldeira" 20th Conferência Internacional de Engenharia Mecânica 2014 Svratka, República Checa

[4] Quamrul H.Mazumder, "CFD Analysis Of The Effect Of Elbow Radius On Pressure Drop InMultiphase Flow", Hindawi Publishing Corporation Modelling And Simulation In Engineering Volume 2012

[5] A. Mukhtar , S. N. Singh e V. Seshadri, "Pressure drop in a long radius 90° horizontal bend for the flow of multisided heterogeneous slurry", International journal multiphase flow, 21 (1), 1994, 329-334.

[6] R. Giguère, L. Fradette*, D. Mignon1, P.A. Tanguy , "Analysis Of Slurry Flow Regimes Downstream Of A Pipe Bend " Chemical Engineering Research And Design 8 7 (2 0 0 9) 943950

[7] Kyozo Ayukawa , "Queda de pressão no transporte hidráulico de materiais sólidos através de uma curva num plano vertical" Bulletin of JSME

[8] D.O. Njobuenwu , M. Fairweather, J. Yao "Coupled RANS-LPT modelling of dilute, particle-laden flow in a duct with a 90° bend " International Journal of Multiphase Flow 50 (2013) 71-88

[9] R.M. Turian,T.W.Ma,F.L.G Hsu ,G.W. Plackmann "Escoamento de pastas concentradas não newtonianas, 1 Perdas por fricção em curvas, acessórios, válvulas e medidores Venturi" Int.J. Multiphase Flow Vol[13]

[10] D.R. Kaushal, A. Kumar, Yuji Tomita, Shigeru Kuchii , Hiroshi Tsukamoto, "Flow of mono-dispersed particles through horizontal bend" (Escoamento de partículas monodispersas através de uma curva horizontal) International Journal of Multiphase Flow 52 (2013) 71-91

[11] Abhai Kumar Verma, S N Singh e Seshadri, "Pressure drop for high concentration solidliquid mixture across 90° horizontal circular pipe bend", Indian journal of engineering & material sciences, 13 (1), 2006, 477-483.

[12] T. K. Bandyopadhyayl e S. K. Das " Non-Newtonian and Gas-non-Newtonian Liquid Flow through Elbows - CFD Analysis" Journal of Applied Fluid Mechanics, Vol. 6, No. 1, pp. 131-141,

2013

[13] N. Z. Aung And T. Yuwono "Computational Fluid Dynamics Simulations of Gas-liquid Two-phase Flow Characteristics through a Vertical to Horizontal Right Angled Elbow" ASEAN J. Sci. Technol. Dev., 30(1&2): 1 - 16

[14] Gianandrea Vittorio Messa And Stefano Malavasi "Numerical Prediction Of Particle Distribution Of Solidliquid Slurries In Straight Pipes And Bends" Engineering Applications Of Computational Fluid Mechanics Vol. 8, No. 3, Pp. 356-372 (2014)

[15] Tamer Nabil, Imam El-Sawaf e Kamal El-Nahhas, "Computational Fluid Dynamics Simulation Of The Solid-Liquid Slurry Flow In A Pipeline" (Simulação computacional da dinâmica de fluidos do escoamento de lamas sólido-líquido numa conduta), Seventeenth International Water Technology Conference, I Wtc 17

[16] J. Ling, P.V. Skudarnov, C.X. Lin, M.A. Ebadian "Numerical investigations of liquid-solid slurry flows in a fully developed turbulent flow region" International Journal of Heat and Fluid Flow 24 (2003) 389-398

[17] D.R. Kaushal , V. Seshadri , S.N. Singh , "Prediction of concentration and particle size distribution in the flow of multi-sized particulate slurry through rectangular duct" Applied Mathematical Modelling 26 (2002) 941-952

[18] D.R. Kaushal, Yuji Tomita, R.R. Dighade "Concentração no fundo do tubo à velocidade de deposição para o transporte de lamas comerciais através de condutas" Powder Technology 125 (2002) 89- 101

[19] D.R. Kaushal, Yuji Tomita "Solids concentration profiles and pressure drop in pipeline flow of multisized particulate slurries" International Journal of Multiphase Flow 28 (2002) 1697-1717 [20] D.R. Kaushal , Yuji Tomita "Comparative study of pressure drop in multisized particulate slurry flow through pipe and retangular duct" International Journal of Multiphase Flow 29 (2003) 1473-1487

[21] Jesse Capecelatro, Olivier Desjardins "Eulerian-Lagrangian modeling of turbulent liquidsolid slurries in horizontal pipes " International Journal of Multiphase Flow 55 (2013) 64-79

[22] D.R. Kaushal, T. Thinglas , Yuji Tomita , Shigeru Kuchii , Hiroshi Tsukamoto "CFD modeling for pipeline flow of fine particles at high concentration" International Journal of Multiphase Flow 43 (2012) 85-100

[23] Sunil Chandel, S. N. Singh e V. Seshadri "Transportation of High Concentration Coal Ash Slurries through Pipelines" (Transporte de lamas de cinzas de carvão de alta concentração através de condutas), arquivo internacional de ciências e tecnologias aplicadas, vol[1] junho de 2010:1-9

[24] Tamer Nabil, Imam El-Sawaf e Kamal El-Nahhas "Simulação computacional da dinâmica de fluidos do fluxo de lama sólido-líquido numa conduta" Décima sétima Conferência Internacional sobre Tecnologia da Água, I Wtc 17 Istambul, 5-7, novembro de 2013

[25] Tamer Nabil, Imam El-Sawaf e Kamal El-Nahhas "Modelação do fluxo de lama de areia e água numa conduta horizontal através da técnica de dinâmica de fluidos computacional" International Water Technology Journal, Iwtj Vol. 4- N.1, março de 2014

[26] Subhash Malik, Lakshya Aggarwal, Ankit Dua "Análise da queda de pressão do fluxo de uma mistura de água e cinzas volantes através de uma conduta reta" International Journal of Engineering Research and Applications (IJERA) ISSN: 2248-9622, Conferência Nacional sobre Avanços em Engenharia e Tecnologia (AET- 29 de março de 2014)

[27] G.A.Eswara Rao , M Karteek Naidu "Numerical Simulation On The Slurry Flow Through Straight Pipe For The Evaluation Of Pressure Drop", International Journal & Magazine Of Engineering Technology, Management and Research

[28] Mosa E. S., Saleh A. M., Taha A. T., e El-Molla A. M. "Um estudo sobre o efeito da temperatura da pasta, do Ph da pasta e da degradação das partículas na reologia e na queda de pressão das pastas de água de carvão" Journal Of Engineering, Sciences, Assiut University, Vol. 35, No. 5, Pp. 1297-1311 , setembro de 2007

[29] Sandip Kumar Lahiri , K.C. Ghanta ," Slurry Flow Modelling By Cfd" Chemical Industry & Chemical Engineering Quarterly 16 (4) 295-308 (2010)

[30] Naik, H.K, Mishra, M.K e Rao Karanam "Rheological Characteristics of Fly Ash Slurry at Varying Temperature Environment with and without an Additive" 2009 World of Coal Ash (WOCA) Conference - May 4-7, 2009 in Lexington, KY, USA

[31] M. Eesa, M. Barigou "CFD investigation of the pipe transport of coarse solids in laminar power law fluids" Chemical Engineering Science 64 (2009) 322 - 333

[32] Guia do Utilizador do ANSYS FLUENT 12.0

[33] Guia teórico do ANSYS FLUENT 12.0

Printed by Books on Demand GmbH, Norderstedt / Germany